湛庐 CHEERS

与最聪明的人共同进化

HERE COMES EVERYBODY

A More Beautiful Question

如何提出一个好问题

[英]沃伦·贝格尔 著
Warren Berger

常宁 译

天津出版传媒集团
天津科学技术出版社

上架指导：经济管理 / 创新思维

天津市版权登记号：图字 02-2022-022 号

图书在版编目（CIP）数据

如何提出一个好问题 / (英) 沃伦·贝格尔著 ; 常宁译 . -- 天津 : 天津科学技术出版社 , 2022.3
书名原文 : A More Beautiful Question
ISBN 978-7-5576-9904-8

Ⅰ . ①如 ... Ⅱ . ①沃 ... ②常 ... Ⅲ . ①问题解决 (心理学) Ⅳ . ① B842.5

中国版本图书馆 CIP 数据核字 (2022) 第 034529 号

如何提出一个好问题
RUHE TICHU YIGE HAOWENTI
责任编辑：房　芳
责任印制：兰　毅

出　　版：天津出版传媒集团
　　　　　天津科学技术出版社

地　　址：天津市西康路 35 号
邮　　编：300051
电　　话：（022）23332397（编辑部）
网　　址：www.tjkjcbs.com.cn
发　　行：新华书店经销
印　　刷：天津中印联印务有限公司

开本 710 × 1000　1/16　印张 19　字数 271 000
2022年3月第1版第1次印刷
定价：89.90元

未来，属于提问，而非给予答案！

关苏哲
新关点创始人
伟事达总裁教练，标杆企业高管团队教练
《有效提问 30 讲》课程研发者

提问驱动思考，答案终止想象。很高兴，湛庐为大家带来了“提问”领域的好书。

凯文·凯利（Kevin Kelly）曾在他的一场知名演讲中提到了未来发展的 12 大趋势，其中第 11 个趋势就是提问。在今天，想要找到一个答案很容易，你可以随时上网搜索。但好问题比完美的答案更有意义，也更有价值，好问题才能激发创新。通过正确提问，能有效发现和解决问题，促进产品、服务和组织运营等方面的创新和突破，和谐团队关系，提升沟通效率，最终增强企业竞争力。

不过，在中国目前的管理学市场上，鲜有学校和培训机构把加强提问能力作为最重要的技能去普及。大家还未能充分利用提问。所以我们经常看到以下现象：

- 遭遇重大困惑，无法洞察问题本质，难以提升决策效率；
- 思维循规蹈矩，墨守成规，由于缺乏创新能力，错失了一个个发展机遇；
- 工作中亲力亲为，直接给下属答案，结果下属成长缓慢，自己变得身心疲惫；
- 日常沟通充满批判指责，同事关系紧张，士气低落；
- 团队会议效率低下，不是七嘴八舌，就是沉默寡言。

殊不知，产生以上这些“症状”，很大程度是由于我们缺乏提问领导力，而要发现和解决问题，你必须先提出正确的问题。

作为伟事达总裁教练和标杆企业高管团队教练，我的核心工作之一，就是帮助 CEO 和管理团队提升提问能力，分别通过企业家私董会和企业内部高管圆桌会形式，主持企业重大核心会议，如战略研讨会、客户洞察会议、业务增长会议、高效团队塑造会议等，平日也和管理者做 1 对 1 的教练会议辅导。这些会议的大部分时间，就是通过强有力的提问，帮助与会者洞察问题背后的本质问题，进而科学决策，提升领导力。我们经常围绕同一个话题，激发与会者的不同观点，不仅如此，我鼓励每个与会者在表达自己观点后真诚提问，请教其他人的看法，而非终止对话。

为了让更多人感悟到提问的重要性以及学会提问，我在 2019 年推出了《有效提问 30 讲》在线课程。我当时浏览了近 20 本中外提问领域的书籍，沃伦 · 贝格尔的《如何提出一个好问题》让我爱不释手，书中的案例非常生动，整本书详述了如何用提问激发创新，给我带来了很大的启发。

沃伦·贝格尔分享的 3 个创新问题，分别是 Why，What if 和 How，也就是“为什么”“如果……会怎样”以及“如何”。用苹果手机举例，3 个问题就分别是：

- 为什么手机只能打电话？
- 如果手机能够把 MP3、电子书、影碟机、打电话结合起来会如何？
- 怎么样才能设计和生产出这样的手机？

这 3 个问题结合起来最终促成了一个伟大的创新品牌。这 3 个问题也分别代表了创新的 3 个重要作用：激发洞察力、放飞想象力和强化执行力。

其实，不仅是苹果手机的发明，像宝丽来和迪士尼的诞生，以及像奈飞和爱彼迎这样的行业翘楚问世，其背后原理都可以追溯到创新提问，这些“好的提问”改变了传统思维，开创了新的可能，最终重新定义了整个行业。

创新，必须敢于打破常规，质疑行规。

激发洞察力，对传统经验提出质疑，问“为什么”并不是“找茬”，它体现的是创新最重要的本质——批判性思维。工作中同事们的观点只是一个个不成熟的假设，并不一定是事实，所以我们通过问“为什么”去验证假设是否合理。换个角度看，提出质疑其实就是一种认真负责的“打破砂锅问到底”的创新精神。

放飞想象力需要激发我们的右脑思维，“如果……会怎样”这个提问就自然会催生“链接”，想象力需要我们的思考不受约束，需要我们异想天开，从而把各种看起来不相关的事物综合起来考虑。这样，我们就可以把不可能变为可能，让我们见所未见，从而激发创新。

提出漂亮的“为什么”和“如果”，需要梦想；而提出“怎么样”则需要实干精神。实干精神能够帮助我们的想法逐渐成型，并最终落实为行动。如果你提问时，在“怎么样”前面加上“我们”，后面加上“可能”则更棒！ 因为，“怎么样”的提问是假定了解决方案的存在，而在“怎么样”后面加上“可能”，就意味着你将会有更好的反思，因为你提出的想法有可能行，也有可能不行。而“我们”则代表要把“你”“我”“他”各自的想法变成团队的一致想法。

除了激发产品服务创新，职场上常用的提问场景无处不在：比如召开高效决策会议、破解工作难题、上下级有效沟通、塑造良好组织文化氛围等。沃伦·贝格尔新撰写的《如何用提问解决问题》，给我们展示了如何用提问来决策、沟通、管理团队。

不少管理者一遇到问题，往往立即提出解决方案，“头疼医头，脚疼医脚”，但这恰恰是解决问题的大忌。问题无法解决的核心原因是你无法发现问题，而提问正是发现问题的金钥匙。优秀的领导者遇到问题，首先是利用提问洞察问题背后的本质问题。这些年我主持的企业决策会议都严格按决策流程来破解工作难题，整个会议有超过 50% 的时间是与会者彼此提问：通过清晰表达问题、明确问题重要性、运用开放式问题技巧、问题根因探究以及用半小时就能提出 100 个问题的“问题爆炸法”激发团队头脑风暴等方法，让团队成员迅速达成决策共识。

提问也能让你成为更好的领导，在 VUCA 时代，靠强势的管理者打天下的日子已经过去了。不会提问而直接给予下属答案的管理者，不仅自己身心疲惫、无法解决问题，还会制约团队的成长。不会提问，也会潜移默化地助长团队成员的惰性。提升领导力的最佳方法之一就是多提问，方法之二是鼓励他人提问。当我们学习提问并真正提出好问题时，这些提问就会让我们个人、团队和组织都焕然一新。

杰克·韦尔奇（Jack Welch）在其著作《赢：韦尔奇一生的管理智慧》中也曾指出，领导者必须真正成为提出最多、最好问题的人。领导者和管理者的主要区别在于，领导者善于提出问题，而管理者则聚焦于回答所提出的问题。事实上，提问能力是具有创新意识的商业领袖取得成功的一个关键因素，是衡量领导力的一个重要标准。

提问看似简单，其实是一种高级的元认知思维，它能够引导人们去推理。可以说，提问是解决几乎所有复杂问题的核心。虽然市场上有一些以提问为主题的书籍，但真正聚焦创新提问和决策提问的书籍寥寥。期待沃伦·贝格尔的“提问书”能帮你把握住未来发展的趋势。

重要的是不要停止提问

这本书终于可以跟中国读者见面了，对此我深感欣慰和荣幸。自从这本书 2014 年在美国出版后，许多读者都问我，书中强调了提出有思想深度的好问题的重要性，但此书传递的这种信息是否对在世界各地有着不同文化背景的人们具有同样的价值？我的答案始终如一：“无论在哪里，提问对每个人来说都十分重要。”

提问是一种能帮助我们学习的重要工具，通过提问我们就能了解未知的世界。而在当今这个不断变迁的时代，这一工具正变得越来越有价值。想想当今世界所发生的一切，在中国以及其他任何地方，提问的价值都有非常明显的体现。**科技正在改变我们的生活方式，同样也在改变我们管理企业的方式。那些既定的旧方法和实践正在经受挑战。我们怎样才能适应不断变化的世界？**

怎样才能抓住无处不在的新机遇？只有一个方法，那就是打开思维，保持好奇心，让自己被问题所包围。

孩子明白提问的重要性，他们将提问当成促进自我成长和不断进取的工具，这就是 4 岁左右的孩子会提出大量问题的原因。他们不断观察周围的环境，并始终充满好奇心，于是就提出了很多问题。而这种好奇心和好问的天性能帮助孩子们快速学习。

随着我们不断长大，一些事情悄然改变了，我们的好奇心也变得越来越弱。我们开始接受事物当前的形态，假定自己“了解”很多事情，而我们提出的问题也就越来越少了。

在一些情况下，我们可能不太愿意去提问，因为担心自己提出的问题可能会让其他人误认为我们低能或无知。另外，我们还担心提出问题会不会是一种唐突或不合时宜的行为，就好像我们正在挑战权威或对事物的现有运作方式不够尊重一样。当然，人们有这种担忧也在情理之中，尤其是在那些十分尊重传统、学识和经验的文化环境中，这种担忧就更正常了。

但是，我相信，在任何一个社会或组织内，好奇心和提问总会有一席之地。我们必须学会在经过深思熟虑后用一种礼貌的方式去提问。**作为一个真正的“提问者”，并不意味着就要蔑视习俗、传统和经验，而是通过提问，去寻找能更深入地理解事物现有运作方式的办法。在更深入地理解事物运作方式的基础之上，我们才可能提出一系列问题，而这些问题能为常规的做事方式注入新思想和新创意，也能提出一些可行的改进意见。**

看看近些年来那些给世界带来重大变革的人，比如苹果公司的史蒂夫·乔布斯，我们就能发现，当一个人既有渊博的知识又有强烈的好奇心时，他将会拥有多么强大的力量。在写这本书时，我拜访了许多商业领袖、创新者、科学家、教育家、发明家和艺术家。我发现他们身上具有一种非常重要的特质，那就是提出伟大问题的能力。他们已经形成了观察周围世界的习惯，并且在观察的同时还会提出问题，比如“为什么没有人解决这个问题”以及“我怎样才能独自解决这个问题”。

我在这本书中分享了一些关于怎样成为一个更好的提问者的方法和技巧。比如，你将会发现，提出“为什么”“如果”和“怎样”这类开放式问题对于解决问题非常有帮助，并且也有助于让你产生新创意。

你还将在阅读本书的过程中体会到用积极的方式提问是很重要的，这是我从谷歌员工的提问方式中了解到的。而提问时的措辞会对提问的效果产生非常大的影响，比如不当的措辞可能会冒犯他人，正确的措辞则可能会促使他人帮你一起努力寻找答案。

我在这本书中也讨论了那些鼓励员工提出更多问题的公司所使用的方法。**鼓励员工提出问题这一点对如今快速成长的企业来说非常重要，因为要想快速地壮大并适应变化莫测的世界，商业领袖就必须让公司里的每名员工都能全身心地融入公司并保持旺盛的求知欲。**

虽然这本书重点讨论了怎样提出商业方面的问题，但它并不只是一本商业书。我相信，它也可以帮助我们提出日常生活中一些引人深思的问题。生活在今天这个快节奏的世界里，许多人忙于浏览最新的文本信息或邮件，并没有花足够的时间去思考我们到底做了些什么事、为什么做这些事以及有些事我们是否应该换一种方式去做，而这些问题都是我们需要花时间去不断反思的。

这本书还讨论了有关教育的问题。我相信，对教师和家长来说，鼓励孩子提出更多问题是非常重要的。我在调查中发现，尽管随着年龄的增长，孩子们提出的问题越来越少了，但有些孩子仍旧不断用各种方式向成年人提出许多问题。而这些孩子通常将来都有可能成为创新者和领袖。**因此，如果想让自己的孩子在未来成为一个成功人士，那么我们就应该确保他们能熟练掌握一种重要的工具——提问。**

我希望读者朋友在阅读完这本书后能对提问的重要性有新的理解，我还希望这本书能帮你在提问时感到更放松。如果你想要成为一个有强烈求知欲的人、一个更好的提问者，那么这本书将为你带来诸多帮助。正如伟大的科学家爱因斯坦所说的那样："重要的是不要停止提问。"

我希望你能享受到阅读这本书的乐趣，并希望它能激发你去提出许多好问题！

测一测

你的提问商有多高

- 我们可以在网上找到所有问题的答案。这是正确的吗？（ ）

  A. 正确

  B. 错误

- 掌握一门课的标志就是，对其不再有任何问题。这是正确的吗？（ ）

  A. 正确

  B. 错误

- 如果你想跟别人学习，最好的方法就是尽可能不断地向他们提问。这是正确的吗？（ ）

  A. 正确

  B. 错误

扫码鉴别正版图书
获取您的专属福利

扫码获取全部测试题
测测你的提问商

目 录

我们都渴望答案，但首先要学会提问

作为一名记者，在整个职业生涯中，我一直在提问。但是，我始终没有想过更多有关提问的艺术或其科学性的问题，也从未考虑过提问对于推动人们创新、解决问题，以及其在事业和生活的道路上持续前进所起到的至关重要的作用。

几年前，我撰写了一系列文章，其内容主要是关于设计师、发明家和工程师是怎样灵感突现和解决问题的。在写这些文章的过程中，我才开始思考上述问题，而这些文章最终被汇编成了一本书。

我的研究使我能够与世界上一些具有创造性思维且能引领创新的人进行接触。在观察到他们是怎样应对挑战后，我发现他们的成功其实并没有神奇的准则，也没有单一的解释。但是，在寻找这些睿智的变革推动者的共性时，我不断发现他们中的大多数人都非常善于提问。

对于他们中的一些人来说，最大的成功就是颠覆性创新、促进新创公司发展以及找到疑难问题的根本性解决方案等，而这些成功都可以追溯到一个或一系列由他们自己提出并给出答案的问题上。

我认为，这一发现非常有趣，但与此相关的内容在我的书中占比很小，所以我就把这个想法搁置起来了。然而，当一些事情已经触动你的“雷达”时，你就会注意到它。所以，我后来意识到，提问似乎无处不在。比如，当我为《哈佛商业评论》和《快公司》杂志撰稿时曾采访过许多公司的高管。**我发现，对很多商界人士来说，“提问”蕴含着极大的乐趣。而许多商人似乎也意识到提问和创新之间存在着一定程度的联系，他们明白，伟大的产品、公司甚至行业通常都是从一个问题产生的。**众所周知，谷歌正如它的董事长描述的那样，是一家“经营问题”的公司。另外，像苹果公司的史蒂夫·乔布斯和亚马逊公司的杰夫·贝佐斯这样的商业明星都因“爱提问每件事”而著称。

当提问成为一种稀缺能力

当我在商业领域开始研究“提问”这个主题时，我发现只有少数公司真正鼓励员工用任何一种方式来提出问题。然而，在这些公司里，并没有哪个部门专门把精力放在提问上，也没有制定与提问相关的任何政策和指导方案，当然也没有真正让员工去践行提问。相反，无论是否意识到这个问题，很多公司目前都存在着这样一种文化——不鼓励人们用提问的方式来探究问题。比如，不鼓励人们问：“我们为什么用这种方式做这件事情？”

学校里可能也存在同样的问题。当与一些教育家谈话时，我了解到，许多教师承认学生能想出并问出好问题的确至关重要。于是，我对研究“提问”这个主题充满了兴趣。有些教师意识到，在我们生活的环境中，错综复杂的事物不断增加，各种变化不断加剧，所以“提问”在未来将变得越来越重要。但是，鉴于某些原因，大多数学校并不会教授学生提问的技能，学生也不会因为提问而得到奖赏，只有记住答案才会令他们得到奖赏。

有些社会企业专门解决十分重要且棘手的全球性问题，比如贫困、饥饿和供水问题。在与这些企业打交道的过程中，我发现，只有极少的创新者会重视针对上述全球性问题提出正确问题的重要性。在很大程度上，根深蒂固的旧有实践经验和实践方法一直大行其道。像许多行业的非营利性机构始终在重复做着所在行业内的企业已经做过的事情一样，“好心人”经常会努力解决难题，但他们的解决方法却往往是错的。

从某种程度上来说，在我们所有人的日常生活中，都会存在这样的状况。神经脉冲持续不断地推动我们努力去做一些已经完成的事情，但我们很少会退后一步去问，自己是不是在用正确的方法做事情。在诸如发现意义、满足感和幸福这些大问题上，我们被太多的答案所包围，这些答案都是来自专家和领导者们的建议、秘诀和策略。如果这些解决方案对我们发掘答案并不适用，你也不用感到奇怪，因为我们必须自己提出问题并将其解决。然而，谁又会为此腾出时间和精力呢？

正如企业高管和学校教师所理解的，在某种层面上，提问很重要，并且我们应该将更多的注意力放在问题上，尤其应该放在有意义的问题上。自从苏格拉底时代开始，诸多伟大的思想家一直都在告诉我们这一点。诗人卡明斯就曾对提问这一话题表达过自己的想法，他写道：“我们总是能给出一个好答案，但谁又能问出一个好问题呢？”从毕加索到查克·克洛斯（Chuck Close）以来的艺术家们都谈到，提问具有鼓舞人心的力量。BrainPickings 网站最近引用了克洛斯的话："问你自己一个极为有趣的问题，并努力为此找到一个合适的解决方案。如果这样做，那么你很快就会发现自我，我想那一定非常有趣。"这段话非常棒，并被该网站放在一个醒目的位置。

科学家也一直是提问的忠实拥护者，爱因斯坦就是一个最有力的证明，他从 4 岁开始就不断提出各种展现出其智慧的问题。当时，他很好奇指南针为什么指向北方。在爱因斯坦的一生中，每当他看到一些"非常棒"的事物时，总会对其充满好奇。虽然对太多事物感到好奇，但爱因斯坦对自己该选择解决哪些问题仍然会深思熟虑。在他广为流传的语录中有这么一条（他可能说过也可能没说过）：如果他有一个小时的时间去解决一个问题，并且这个问题在生活中很重要，那么他会先用 55 分钟去确定自己正在解答的这个问题是否正确。

很多例子都证明了解答正确问题的重要性。从爱因斯坦到乔布斯，他们的事例都说明了这一点。即使如此，为什么提问在商业中未受到人们的重视？为什么它在学校教学中的地位不高？为什么我们在每天的生活中未充分使用它？

部分原因可能是，我们认为，提问是一件非常简单且源于人类本能的事，因此不需要围绕其进行思考。知名教育家德博拉·梅耶尔（Deborah Meier）是"小型学校运动"（small schools-movement）① 的开拓者，她说："我们一出生就开始提问。"的确，任何一个学龄前儿童都能轻松地提出很

① 小型学校运动也被称为"小型学校首创精神"，美国的许多高中规模都非常大，所以这一运动倡导将这些学校重新组建成较小的、自治的学校，学生人数不超过 400 人，最理想的状态是 200 人以下。——译者注

多问题。最新的一项研究发现，在英国，4 岁左右的小女孩平均一天可以问她母亲 390 个问题，年龄相仿的小男孩的提问数量也与此类似。**所以，我们可以这样说，提问就像呼吸一样，是上天的馈赠，是生活中一个必不可少并被大家所接受的，也是任何人甚至一个孩子都能做的事。**

值得注意的是，在这个 4 岁小女孩以后的生活中可能会发生的是，她再也不会凭本能和想象来提问了，或者是再也不能像她提问最多时那样无拘无束地提问了。除非她是一个特例，否则 4 岁就是她的提问高峰年龄。

这样一个古怪的事实引发了我们提出各种问题。比如，为什么这个 4 岁小女孩在 5 岁或 6 岁时提问开始变少？为什么对于她和她周围的人来说，4 岁这个年龄是一条分界线？正如爱因斯坦所说：如果提问是一件很重要的事情，那么我们为什么不试着寻找一些能让自己保持提问之心的方法，以防止我们的提问减少？

那个 4 岁小女孩也可能是个例外，她可能不会停止提问，成为少有的继续提问的人，就像贝佐斯和乔布斯一样，或者像这本书中某一位“提问者”一样。即使如此，也会产生问题。比如，为什么一些人仍在坚持提问，而另一些人却停止了提问呢？存在提问的基因吗？提问在学校和家长对孩子的教育中意味着什么？提问者与非提问者谁会在竞争中占上风？

商业领域与提问之间一直有一种爱恨交加的关系。商业创新领袖克莱顿·克里斯坦森（Clayton Christensen）就是一位提问者，他发现，提问被许多商业领袖视为是“无效率的”。这些领袖总是急于行动，而经常感到没有时间去质疑他们正在做的事情。

企业中的普通员工也认为，向领导提问会威胁到个人事业发展。因为他们觉得，在开会时举手提问“为什么”很可能会被人当成无知，或者会被人认为不顺从，又或者两者兼有。

最近有一项针对成千上万位商业高管进行的有趣的调查表明，最具创造力、最成功的商业领袖都是专家级的提问者。他们由于质疑所在行业的传统观点、所在公司的惯例，甚至自己的想法而被人熟知。尽管这一点会给他们增加压力，但却并没有阻止他们提升自己在商界的地位。以赫尔·葛瑞格森（Hal Gregersen）为例，他是一名商业顾问，也是欧洲工商管理学院的教授，他与克里斯坦森以及另一位经济学教授杰夫·戴尔（Jeff Dyer）共同完成了这项调查。**这项调查的结果表明，提问是具有创新意识的高管们取得成功的一个关键要素。**

葛瑞格森表示，提出正确问题的能力的确能让商业领袖很快适应一个快速变化的市场环境。他们乐于追根究底，在竞争者意识到存在新的机会和新的可能性之前，他们就已经识别出这些机会和可能性了。这意味着，在过去一个人需要表现出自己掌握了“所有答案”，以便能在公司中升职，而今天至少在一些较为开明的企业，“角落办公室”[①]是为提问者设立的。

考虑到上述状况，有人可能会不禁想要问以下问题：

- 如果我们知道提问是创新的起点，或者至少这么猜想过，那么为什么没有企业青睐它？
- 为什么企业不培训员工的提问技能或是创建鼓励员工不断提问的制度和环境？
- 如果企业打算这么做，那么它们该如何着手？

① 即 corner office，指领导或老板的办公室。——译者注

对于上述问题，有一个可能的答案——提问会让权威面对挑战，瓦解已确立的结构、流程和系统，迫使人们必须想着怎样去做一些与众不同的事情。而这一答案不仅适用于商界，也适用于解释非营利性组织和学校存在的类似问题。比如，非营利性组织为什么不去提出更多的问题，学校为什么不教学生或鼓励学生提问。因为鼓励甚至允许提问就是割让权利，所以提问在等级森严的公司和政府部门中并没有被明确鼓励或允许，甚至在课堂上实现起来也不易。在课堂中，如果要给提问留出更多的空间，那么教师必须愿意放弃控制权。

任何迫使人们必须进行思考的事，做起来都不容易。这一点凸显了提问在日常生活中面临的挑战，也让我们明白为什么自己提出的问题数量比本应提出的要少。显而易见，当我们处理日常生活中的琐事时，不必事事质疑可能会使某些事情变得更容易一些。一位从不质疑的商业高管可能还会说，不必事事质疑更加“有效”。这样的处事方式属于情理之中，也是相当明智的。神经学家约翰·库尼欧斯（John Kounios）注意到，大脑会寻找“减少我们的心理负荷”的方法，接受我们身边任何时候发生的任何事情，而不去质疑甚至忽视这些事情便是减少负荷的一种方法。操纵着这样的“自动驾驶仪”的确会帮我们节约心理能量，允许我们从事多重任务，让我们能完成日常工作。

但当我们想改变一些事情并且敦促自己去改变时，就需要挣脱常规的思维方式和轻松的遐想。此时，我们也就不得不偏离神经系统的轨迹了。而这在很大程度上需要通过提问才能做到。

让提问精神回归

今天，我们面临着持续不断的变化。于是，我们轻松地操纵着“自动驾驶仪”的时间越来越少了，被迫提问的时间越来越多了。我们要尝试去适应变化，寻求重新创造事业的机会，重新定义“生活”“工作”和“退休”等概念，重新考虑做事情的优先顺序，还要寻找能让自己变得更具创造力、能解决自己或他人的生活中各种问题的新方法。按照未来学家、作家约翰·希利·布朗（John Seely Brown）的说法：**“我们已经到了需要经常转变的时期。”在这样的时期，我们要不断接纳新事物，而具有提出宏观、有意义的好问题的能力可能是摆脱旧习惯和旧的行为方式的第一步。另外，知道这些问题该怎样解决也是同样重要的。**

怎样才能开发并提高自己的提问能力？我们能重新点燃 4 岁时的提问火花吗？我与 100 多位商业创新者、科学家、艺术家、工程师、电影制作人、教育家、设计师和社会企业家等进行了对话，他们分享了提问和解决问题的方法。有些人还分享了提问是怎样指导他们开创事业或企业的。另外一些人则叙述了在他们改变生活的过程中，一个特殊的问题是怎样发挥作用的。许多人都提供了有关提问的艺术的深刻见解以及提问的技巧和秘诀。

在总结他们的经验的基础上，我设计了一个由“为什么—如果—怎样”三部分组成的模式，以便能提出并处理宏观的好问题。当然，我也受到诸多有关创新、设计思维以及问题解决等理论的影响，并从中借鉴了一些理念。我提出的这一模式并不是一个所谓的公式，提问没有可行的公式。这个模式更多的是一套思维框架，是用来指导人们顺利完成提问的不同阶段。因为进行雄心勃勃且对创新有催化作用的提问需要遵循一定的逻辑顺序，而其经常由退一步以另一个角度来看待事物作为开始，最终则会聚焦于解决一个具体的问题。

提问的最终目的是实现改变，而提问的旅程可能是一条布满陷阱、曲折而漫长的道路，并且途中经常看不到答案。所以我提出的模式会遵循一个循序渐进的过程，它能帮助人们找到提问的方法。最好的创新者即便不能在这一漫长的旅程中立刻找到答案，也能坚持下去，因为他们一直致力于找到下一个问题。

本书围绕问题展开，由一个问题导向另一个问题。分散在书中的这些问题会指引我向大家讲述一些有关颠覆性思维、创新的故事，或者是一些新的思考方式，而这些思考方式都以思考一个强有力的问题而得以体现。

一个“好问题”究竟是什么样的问题呢？当完成这本书后，我首次将本书表达的思想以“再来一个好问题”为标题，发布在博客上，并在博客中列出了下面这个非常主观的定义：

> *一个好问题就是一个透露出雄心壮志但可执行的问题，它能转变我们感知或思考事物的方式，是促使改变的一种催化剂。*

这个定义能让我们清楚地明白，本书并不是一本关于哲学或精神问题的书。我们不讨论这样的问题，比如，我们为什么在这里？怎样定义“好”？真的有来世吗？尽管所有这些宏大的问题都能激起无止境的、充满激情的辩论，但我没有资格去讨论这样的问题，它们也不符合我所说的可执行的问题的范畴。

本书旨在强调那些可执行的问题，这些问题可以带来实实在在的结果和改变。受人尊敬的物理学家爱德华·威滕（Edward Witten）告诉我，他经常在工作中寻找“一个难以解答但十分有趣的问题，而这个问题却是值得解答的”。

我们很少问这样的问题，它们也不是在谷歌中能轻易搜索到答案的那种问题。然而，可以说，我们正处于提问的黄金时代。为了得到即时答案，我们可以利用触手可及的在线资源。因此，我们有理由相信，人们现在提出的问题比以往任何时候都多，但只是数量多而已，在问题的质量或者深度上，现在和以往没有必然的差别。事实上，谷歌上最受欢迎的一类查询就是哪位名人是同性恋，哪位不是。许多例子都表明，在谷歌上查询的问题体现不出人们的想象力，并且很多问题都可以被谷歌预测出来。比如，我们刚输入了两个字，谷歌就已经猜出我们想问什么了。

本书更关注谷歌不能轻易预测出，或者不能轻易给出正确答案的问题，而这些问题则需要一种与众不同的提问方式。什么样的新理念会帮助我的公司立足？如果我用一种特别的方式来完成我的作品或艺术品，那会怎样？我怎样才能处理一个长期存在且影响到我的社区和家庭的问题？上述这些都是有个性、颇具挑战性和有潜力改变规则的问题。

在研究提问有何价值的过程中，我越来越确信，在帮助我们解决“什么事情重要，哪里有机会以及怎样实现目的”等问题上，提问变得比以往任何时候都重要，并且在将来会更重要。我们都渴望得到一个美丽答案，但首先需要学会怎样提出一个好问题。

A MORE BEAUTIFUL

QUESTION

QUESTION QUESTION QUESTION QUESTION

QUESTION

第一部分

学会提问是未来的关键

A MORE BEAUTIFUL

QUESTION

The Power of Inquiry to
Spark Breakthrough Ideas

QUESTION QUESTION QUESTIO

01

世界由问题创造，由创意改变

因为了解而停止思考

时光回到 1976 年。那个时候，谷歌还没有包揽我们查询的所有问题，一个名叫范·菲利普斯（Van Phillips）的年轻人就提出了一个用谷歌搜不到答案的问题："如果他们能让一个人登上月球，为什么不能制作一只体面的假肢？"这个念头在他的脑中形成后便不断被放大。菲利普斯觉得，他的未来就指望着能找到这个问题的真正答案，而对此似乎还没有人能给出答案。

菲利普斯 21 岁，是一名运动员，也是一个帅气聪明的大学生，一直过着令人陶醉的生活。但在那年夏天的某一天，他的命运改变了。当时，他正在美国亚利桑那州的一个湖中滑水，拉着他滑水的船突然着火了，紧接着一片混乱。这位驾驶员并没有看到另一艘摩托艇开过来，而那艘摩托艇径直撞向了菲利普斯。

第二天早上，躺在医院的菲利普斯慢慢苏醒了。他回忆道："我做了所有人都会做的事——'我不想看，但还是忍不住看了'。"他掀开盖在身上的毯子却发现“自己的左脚没有了”，他膝盖以下的肢体被另一艘摩托艇的螺旋桨切断了。

医院给菲利普斯配备了“一只固定在铅管上的粉色假肢”。这只假肢比一块木头强不了多少，但这就是当时的假肢。菲利普斯拿着使用说明离开了医院，说明书上这样写道：“慢慢习惯你的‘新朋友’，每天用它走两次，它就会变得越来越强壮，逐渐成为你最好的朋友。”菲利普斯回忆称，当他第一次试着用这只假肢走路时，他被“一块豌豆大小的鹅卵石”绊倒了。那时，他明白了，自己不能适应这只假肢。他还回忆起在那段时间拜访女朋友父母的事情，他女朋友的父亲曾把他叫到一边说：“菲利普斯，你一定要学会接受这个事实。”菲利普斯回忆道：“我当时咬着舌头，我知道他是对的。在某种程度上，我确实必须承认，自己是一个被截肢的人。但是，我不会接受必须用这只假肢的事实。”

那一刻，菲利普斯表现出一个创新提问者具有的特征：拒绝接受现实。实际上，在孩童时期，他就已经有了与此类似的迹象。比如，他曾经把屋子里所有的门把手都卸掉了。当时，他想：“如果把门把手和门分开，那会怎样？”提问者往往有很多淘气的童年故事。现在，作为一个成年人，他此时正处在一个关键的“为什么”时刻，比如他会想：“为什么我要勉强自己接受这只讨厌的假肢？”

对于菲利普斯来说，这是一个合理的问题。因为他清楚地意识到（任何人在这时候都会这样想），科技世界里正在上演着诸多不可思议的事情，尤其是在美国的太空计划项目中。所以，他自然想知道，为什么人们有办法让一个人在月球上行走，却想不出办法来解决地球上的现实问题？

菲利普斯当时没有想到，美国政府和大型企业并不着急去解决这些问题。之后，随着他对肢体修复领域的逐渐了解，他才慢慢清楚这一点，而他对这一领域了解得越多，他就越坚信这一点。菲利普斯回忆说："数十年来，肢体修复行业一直停滞不前。"没有人对这个行业投资，因为这一行业的客户群，即截肢者对这个诱人的商业市场没什么想法。"而我就可以借此占得先机了"，几年后，菲利普斯这样告诉我。**由于这个行业长久以来止步不前，所以它留下了大量空间，不仅允许人们质疑那些过时的理念以及维持现状的做法，还可以让人们向这个行业注入许多急需的新理念。**

作为一个天真的提问者，菲利普斯很快发现，在处处都要求答案的王国里，他的"为什么"和"如果"一类的问题并不受欢迎。在很多专业性比较强的场合中，基础性、根本性问题经常会让人变得没有耐心，甚至感觉不舒服。比如，在医院或医生的办公室、商业会议室，甚至教室等都会出现这样的情况。菲利普斯提出的问题，比如，"为什么市面上没有更好的假肢"以及"这种局面是否可以改变"等都可能会被人们视为对某些专家的挑战，比如对医生、肢体修复工程师和其他知道潜在答案的人的挑战。因为在肢体修复领域，这些专家可要比菲利普斯懂得多得多。

提问的力量

A More Beautiful Question

作为这个领域的门外汉，菲利普斯拥有极大的优势，因为他能从旁观者的角度提问。提问的最大乐趣和吸引力就在于提问者的意见经常与专家的意见相反，所以专家们一般很少在自己的研究领域发问。对于这种现象，美国建筑师弗兰克·劳埃德·赖特（Frank Lloyd Wright）给出过形象的解释——专家"因为'了解'而停止思考"，如果你"了解"了，你可能也就没有了提问的理由。然而，如果不提问，你就只能依赖"专家"的知识。而他们的知识必定是有局限性的，可能还过时了，也有可能是完全错误的。

菲利普斯并不是想让专家相信他能更好地了解肢体修复领域的专业知识，他也确实没有非常透彻地“了解”相关知识，只是对此有所怀疑而已。**在提问的道路上，作为一个迎接挑战的提问者，菲利普斯迈出了关键一步，把“为什么他们不能制作一只更好的假肢”变成了自己的问题。**因此，他不得不替换代名词——将“他们”换成了“我”。

猴子没问题，你呢

正如独立发明家马克·努南（Mark Noonan）解释的那样，菲利普斯的做法代表了观念转变的重要性。每次铲完雪，努南都会遭受背痛的折磨，因此习惯提问的他很想知道“为什么他们没有设计出更好的铲子”。最终，努南自己解决了这个问题，他发明了一把配有长手柄、杠杆和轮子的铲子。而当你用这把铲子铲雪时，再也不需要弯腰了。**努南注意到，如果你从来都不曾自己去努力解决一个问题，那么你就不能算是在提问，只是在抱怨，而且你还可能永远只是在抱怨。**因为，正如美国国防部高级研究计划局（Defense Advanced Research Projects Agency, DARPA）前主管雷吉纳·杜甘（Regina Dugan）发现的那样：“我们总是认为，会有一个比自己更聪明、更有才华、拥有更多资源的人来解决问题。但这些人其实只是我们想象出来的。”

当菲利普斯意识到不得不独自解决问题时，他立即明白了如果想提出有关肢体修复的有意义的问题，就必须积极地投入这一领域。他在大学读的是播音专业，但现在却转而加入美国西北大学顶级的修复学研究项目中来。他也由此在犹他州的一个修复学实验室找到了工作，还逐渐了解到假肢的设计理念。

菲利普斯花了将近10年的时间与自己最初提出的问题“纠缠”。后来，这个问题又衍生出许多新问题，而他最终根据这些新问题采取了实际行动。菲利普斯的提问旅程引领他做了一些不寻常的事情：他从动物界、当地的游泳池以及中国古代的战场受到启发。

为了制作出一只更好的假肢，菲利普斯蹒跚行走无数次，准确地说，是一次又一次地跌倒在地。他不停地追问自己，这只新的假肢是否比上一个要好？而当他努力回答这一问题时，就需要反复地测试，也就必然要经历无数次跌跌撞撞。每当新的假肢因此而坏掉时，他得到的都是失望的答案。这时候，他会咒骂，也会发誓，但之后他仍然会提出新的问题，努力从失败中吸取教训。

有一次，菲利普斯的假肢测试成功了。在那一刻，他知道，自己即将改变世界。

问题驱动思考，答案中止想象

获得普利策奖的历史学家大卫·哈克特·费舍尔（David Hackett Fischer）注意到，问题就是“智力的发动机，它可以将好奇心转变成可控的提问”。人们用许多比喻的说法来试图描述问题所具有的惊人力量，而费舍尔的“发动机”就是其中一种。有时，问题被看成是一把挖掘事实的铁锹。或者按照正确问题研究所（Right Question Institute, RQI）的丹·罗斯坦（Dan Rothstein）的话来说，问题也像是一个手电筒，它可以“照亮你前行的道路”。

弗朗西斯·皮维（Frances Peavey）是一位充满传奇色彩的社会活动家，她的工作就是围绕她的“策略性提问”（strategic questioning）展开的。“策略性提问”的目的是，搭建人与人之间沟通的桥梁。皮维曾注意到，一个好问题就像“一个可以撬开油漆罐盖子的杠杆”。

我们一直在想“一个问题像什么”，可能是因为我们不太清楚“它到底是什么”。许多人都倾向于将提问当成一种表达疑问的形式，如果不提出问题，似乎你就不存在疑问，但情况并非如此。假如长久以来，你都有一个疑问，而不说给任何人听，那么这个疑问可能就会永远被埋在你的心里。

我们都知道，正是提问的能力让我们有别于低等灵长类动物。保罗·哈里斯（Paul Harris）是哈佛大学的一名教育学教授，他一直在研究小孩子提出问题的情况。他发现：“与其他灵长类不同，人类的年轻人渴求从老年人那里获取文化信息，而这一点是人类与生俱来的。”

哈里斯将此看成是一个重要的“进化分水岭”，从早期阶段开始，甚至在开口说话之前，人类就会用一些提问形式来获得信息。小孩子可能会捡起一个猕猴桃，然后看看身边的大人，或直接朝大人做个动作来暗示他自己想要对猕猴桃有更多了解。

由此可见，能引发我们提问的驱动力之一便是，我们意识到自己对某些事物一无所知。而这是一种更高的意识层次，它不仅将人和猴子区分开，也将聪明且有求知欲的人与愚钝的人（对某些事物不知道或不关心的人）区分开。优秀的提问者会意识到自身的无知，但并不会对自己的这种状态感到烦恼。

大家都知道 TED 大会的创始人理查德·索尔·沃尔曼（Richard Saul Wurman）喜欢“自夸”，他经常说：“我了解自己无知的程度要超过你们对自身无知程度的了解。”但是，这些优秀的提问者却用问题来不断地在未知的浩瀚宇宙中遨游。此时，对他们来说，问题就像一个手电筒，而当他们用问题来攻击无知时，问题就变成了一把铁锹。

提问的力量

A More Beautiful Question

作家斯图亚特·法尔斯坦（Stuart Firestein）在他的《无知：它怎样驱动科学》（*Ignorance: How It Drives Science*）一书中指出，科学发现的关键因素之一便是，科学家愿意拥抱无知，愿意用问题作为指引以获得新发现。法尔斯坦这样写道："一个好问题能激发出不同层面的答案，能鼓舞人们用几十年的时间去搜寻解决方案，能衍生出全新的研究领域，还能让人们根深蒂固的想法发生改变。而答案却在终结这一切。"

一个小问题，创造一门大生意

罗斯坦一直在研究"提问能给人们带来什么"，他和同事鲁兹·桑塔纳（Luz Santana）成立了正确问题研究所。该研究所是一家小型但颇具吸引力的非营利性组织，致力于训练人们提问的技巧。

罗斯坦相信，问题确实能起到某种效果，比如有一种对思想进行"开锁"的功能。他坚持认为："每个人可能都曾有过这样的体验：当提问或倾听某种形式的问题时，会产生一种真实的探索感，也会对问题有一种新体会。此时，问题就会产生电灯泡的效果。"

罗斯坦已经在课堂教学中看到了提问产生的效果，比如在课堂上，学生们会围绕教师给出的问题进行思考和做头脑风暴。罗斯坦说，当学生们这么做时，他们想象力的闸门似乎瞬间被打开了。学生们不断地围绕问题进行思考，对此也越来越兴趣盎然。于是，思想就开始以问题的形式在课堂上自由流动。

在《哈佛商业评论》上发表过多篇文章的波莉·拉巴尔（Polly LaBarre）

对此也有共鸣。她认为，在学校，提问能使学生更有朝气，也更有想象力，而在商业领域，提问也会产生同样的效果。**她还认为，有些问题可能“从本质上讲，是具有破坏性和颠覆性的，但也很有趣”，并且这种问题似乎也会“引领人们不断创新”。**

A More Beautiful Question 提问练习

在和平年代，怎样为应对战争做好准备？

战争的紧急状态会引发人们想出很多好的问题。瑞士人亨利·杜南（Henry Dunant）是一位年轻的加尔文主义者。1859 年，在游览意大利的过程中，杜南碰上了奥地利军队和法国军队之间的一场血腥战争。在这场战争中，大约有 4 万人死去或负伤，因此杜南急忙组织了当地人给伤员包扎伤口，照顾他们。在回家的路上，杜南写道：“在和平年代，我们是否有办法成立救济会，以便让具有奉献精神的志愿者在战争期间能称职地为伤员做伤口护理？”于是，国际红十字会诞生了。后来，杜南想到，应该把红十字会的各种资源整合起来，这样它就能在和平年代提供人道主义援助了。

问题怎样引领人们不断创新？神经学家、作家肯·海尔曼（Ken Heilman）是大脑内创造性活动方面的知名专家，他承认，很少有人会专门研究“当我们提出问题时大脑内在发生着什么”这个问题。虽然神经学家现在知道，在我们做白日梦、看商业广告或玩填字游戏时，我们的大脑皮层内的情况怎样，但奇怪的是，对于发现和提出问题时我们的思维活动过程，这些专家却几乎一无所知。海尔曼指出，一直以来，神经科学界都曾对发散性思维进行研究。而发散性思维是一种试图想出多种想法的思维活动过程。海尔曼表示：“发散性思维是有关表达方式的，比如‘嘿，假设我对此有不同的想法会怎样’，实际上这就是一种提问的形式。”

发散性思维主要在更具创造力的右脑产生，它会挖掘想象力，也经常会引发随意的联想，而这就是创造力的主要来源。同时，发散性思维还可能给人以启迪，且使人因此而有所收获。所以，罗斯坦利用问题进行教学，从而发现提问能促使学生开放思路也就不足为奇了。

罗斯坦指出，问题不仅能开放思路，还能对思维起到指引和聚集的作用。一开始，学生们在课堂上可能会用“如果”的提问模式来进行思考，因为这种思考模式是开放式且具有发散性的。但之后，学生们不仅要对需要解决的难题的核心有清晰的认识，还要对“怎样进行下一步”达成共识，这样他们就会逐渐用自己提出的问题来“聚集”思维。当他们分析并回顾自己的问题时，甚至会将这些问题用于“元认知思维”（meta cognitive thinking）[①]。罗斯坦表示：“人们认为，虽然提问是一件简单的事情，但也是非常复杂的、更高级的思考模式”。

每个人都可以提问。波莉·拉巴尔表示：“你不必非要站在权威的立场去问一个多么重要的问题。”在某种程度上讲，如果权威部门的人想提问，反而会更困难也需要冒更大的风险。赫尔·葛瑞格森曾对那些偏爱提问的商业领袖进行过研究，他发现这些领袖非常“谦逊和自信”。他们谦逊地承认自己的知识有限，同时还很自信地承认这一点。在别人面前承认自己知识有限并非微不足道，也并非轻而易举。正如英国创造力研究专家、作家肯·罗宾逊（Ken Robinson）[②] 所言：“在社交文化中，坦承自己

① 根据美国发展心理学家约翰·弗拉维尔（John Flavell）的观点，元认知是对认知的认知，是关于个人自我认知过程的知识和调节这些过程的能力。——译者注

② 想要更多地了解罗宾逊的观点，请阅读《让思维自由》。这本书的中文简体字版已由湛庐策划，浙江人民出版社 2018 年出版。——编者注

‘不知道’好像是种禁忌。”

愿意提问是一回事，但要想有效地提出有意义的问题就是另一回事了。并非所有的问题都能产生积极的效果。尤其是开放式问题，比如“为什么”“如果”“怎样”等类问题，就不能用三言两语简单回答。所以，尽管封闭式问题只能回答“是”或“不是”，也是有意义的，但开放式问题通常会比封闭式问题更能激发创造性思维。

当我们提问时，尤其要注意提问的语气。面对挑战或难题时，有人可能会用“天啊，我该怎么办”这样的问题来回应。而可能还有人会问：“对我们来说，如果这种改变预示着一种机遇呢？那么我们怎样才能抓住这一机遇？”

按照大卫·库珀里德（David Cooperrider）的话来说，由于第二种类型的问题是以更为积极的语气提出的，因此将会得到更好的答案。库珀里德是凯斯西储大学的教授，他开创了“欣赏式提问”（appreciative inquiry）理论，这一理论非常流行。[①] 如果一个组织的领导人和管理人员提出了许多“为什么我们落后于竞争对手”以及“该责备谁”这类问题，那么该组织可能会由于它松散的管理和互相指责的文化而垮掉。库珀里德认为，企业应该了解这一点。而无论我们是在谈论国家、社区、家庭，还是个人，“我们都生活在由问题创建的世界里”。

① 想要在有限的时间内，快速、清晰、全面地了解欣赏式提问，请阅读库珀里德和黛安娜·惠特尼（Diana Whitney）所著的《欣赏式探询》。这本书的中文简体字版已由湛庐策划，中国人民大学出版社 2007 年出版。——编者注

连续专精，我们需要的不是一时的适应

提问产生的最重要的影响是，当面临不确定的状况时，它能促使人们思考并采取行动。正如正确问题研究所的史蒂夫·卡特沃诺（Steve Quatrano）指出的，提问能帮助我们“围绕不了解的事情进行思考”。这或许就解释了在创新的环境中，提问如此重要的原因。比如，在硅谷，诸多公司不仅每天都必须面对“怎样创造新产品”“怎样从激烈的竞争中创造商业机会”等类的问题，还要思考怎样在不稳定的市场中维持发展。

塞巴斯蒂安·特龙（Sebastian Thrun）曾是谷歌X实验室自动驾驶汽车项目的工程师，也是在线大学优达学城（Udacity）的创始人。他承认，技术变革和提问之间能够相互影响。提问可以为技术变革提供燃料，而技术变革反过来同样可以刺激人们提出更多的问题。特龙说，随着技术的不断进步，必然会有人问：“如今我们已经了解了原来想要了解的事，接下来我们要做什么呢？”

创新往往意味着发现继而提出新的问题，以及随着时间的推移找到问题的答案。而一旦明确了需要解决的问题，一场新的冒险也就随之开启了。今天出现的大量高科技公司如Foursquare、爱彼迎和潘多拉网络电台（Pandora Internet Radio）等，都由于需要解决某个问题而成立，比如“为什么某人不……”“如果我们质疑会怎样”这类问题大多是由公司创始人基于个人经验提出的。

视频租赁服务公司奈飞的创始历程现在已经成为一个经典的商业故事。我们可能每天都会遇到一些令人沮丧的事情，而想要成立奈飞的里德·哈斯廷斯（Reed Hastings）也是如此，不过他对其中一件事做出了回应。以前，哈斯廷斯经常从一个叫百视达（Blockbuster）的音像店租借电

影碟，但总是不能按时归还，直到他想起要归还电影碟时，滞纳金已经非常高了。沮丧的哈斯廷斯心想：“为什么我必须支付滞纳金？”但他承认，当时自己的脑中浮现出的另一个问题是：“我该怎么对妻子解释这笔支出？”

当然，其他人也有过被滞纳金搞坏情绪的类似经历。但是，只有哈斯廷斯决定摆脱滞纳金带给他的苦恼。随后，他心想：“如果像运营健身俱乐部一样来运营一家视频租赁公司，那会怎样？”接下来，他开始思考，怎样设计出一个视频租赁模式的问题，比如采用像健身俱乐部一样的月度会员制，而没有滞纳金。几年后，哈斯廷斯提出奈飞是否该拓展模式的问题：“为什么我们只出租电影碟和节目碟？如果我们自己也制作电影和节目呢？”

宝丽来和皮克斯等许多公司的成立也都源于想要解决某个问题。比如，起初宝丽来的问题是“为什么照片不能即时成像”，而皮克斯在想“人们会喜爱动画吗”。然而，一旦进入提问的环节，这些公司就与人的普遍做法很类似了。它们可能曾经会经常提问，但之后随着公司不断发展，就很少提问了。公司的等级制度和章法被逐步建立起来，规则也已成形，这时员工还会去提问吗？

有时，商业领袖会发现，在面临严峻挑战的时期或动荡时期，他们自己就会猛然转到“提问模式”上，因为他们曾依赖的解决问题的规则和方法在这种情况下不再适用了。今天，企业也面对类似的市场情况，由于市场对创新的需求不断提高，企业就需要具有越来越快的创新速度。以前，企业提出的问题可能集中在企业的身份、使命、消费群体以及核心竞争力上。但现在的形势迫使一些企业提出比以往涵盖范围更大也更根本的问题。它们提出的许多问题其实都可以归结为一个根本性的问题：世界在发生变化，人们的生活也在发生变化，那么我们究竟能做什么生意呢？

面对形势的变化，企业被迫提出这样难解的问题。而企业员工或者自主创业的人，又或者正在努力找工作的人，也都会面临同样的境况。高速的技术进步使人们的工作方式发生改变，也对人们提出了越来越高的技能要求，这一切形成了一股搅动商业的力量。最近，《纽约时报》称这股力量引起了一场“完美风暴”，无论是蓝领、白领或专业人士，都要在这场风暴中坚持住。“对许多上班族来说，他们要不断适应千变万化的现实”，这就是文章《需要适应的年代》（*The Age of Adaptation*）的主题。目前，上班族需要具备什么技能？这篇文章对这一问题以一个术语来作答：连续专精（serial mastery）。

为了能跟上形势，今天的上班族必须持续不断地学习新技能，比如参加培训。但是，正如《时代周刊》的文章指出的那样，上班族“通常需要想清楚，究竟需要掌握什么样的技能才能使他们在企业中变得更有价值，跟上时代的脚步”。

类似这样的文章不计其数。全球经济的新形势无情地要求劳动者有更多的技能，更具创造力。《时代周刊》的专栏作家托马斯·弗里德曼（Thomas Friedman）撰写了大量文章对此进行探讨。如果浏览这些文章的在线评论，你就会发现，人们对这一切的感受——担忧和彷徨，但也有人感到愤怒和苦涩。比如，有人会想：我进入学校，最后获得了学位，毫不费力地掌握了一项技能，在专业相关领域我也获取了丰富的专业知识。通过多年的努力，我才完善了自己，那为什么还要重新开始呢？

不幸的是，这是一个“为什么”的问题，无论你怎样调整这个问题的提问方式或者让它更合理，似乎都不能让这个问题发生变化。不管重新完善自己是否公平，也不管你是否赞同弗里德曼的说法，都无所谓了，因为他谈到的那种形势已经改变了。现在，我们面临的挑战是，要弄清楚对于每个人来说这些新形势究竟意味着什么，它创造了什么样的新机遇，而我们要利用这些新的机遇和发展的可能性。这时候你就需要一个提升自己的方案了，但不管你要采取什么行动，在这之前最关键的就是要进行基础性的提问。那么，你要怎样才能知道是否值得花时间再次提升自己？或者你不必把时间耗费在哪些技能的提升上？因此，你需要思考以下问题：

- 我所在的领域或行业正发生着怎样的变化？
- 什么样的趋势对我所在的领域造成的影响最大？未来几年，这种趋势将怎样发挥作用？
- 我掌握的哪种技能最有用并且能使我非常好地适应新环境？我需要学习什么新技能？
- 我应该掌握多种技能，还是应该只精通一种技能？
- 我应该更多地思考与找工作有关的问题吗？还是应该自主创业？

对个人而言，改变原有的职业规划就是某种形式的创新。而对企业来说，在追求新方向或新战略的过程中，也同样应该进行严谨的提问。**我们需要的不是一时的适应，而是娴熟地持续改变，不断去适应。**

麻省理工学院媒体实验室享有盛名，伊藤穰一则是该实验室的主管。对于我们终生都需要去适应的观点，他提出了一个非常有趣的理论。在人生的早期阶段，我们一直处于学习模式。那时，世界以缓慢的步调前进，事物还未变得那么复杂。然而，一旦成为成年人，“你就要思考自己的工作是什么，在接下来的人生里重复要做的工作是什么”。伊藤穰一指出，如今世界瞬息万变，事物也变得越来越复杂，成年人也就不应该再遵循以前那种日复一日的生活方式了。曾经，我们一下子就能了解许多事物，但现在，这已经不可能了，就连学识高深的专家也必须变回一个对知识永不餍足的初学者。

学会提问比知道答案更重要

当专业知识逐渐过了“保质期”，它的一些自身价值也会随之丧失。如果将“问题”和“答案”看作市场上的股票，那么我们可能会说，在当前的形势下，“问题”正逐渐升值，而“答案”正在贬值（见图 1-1）。哈佛大学教育专家托尼·瓦格纳（Tony Wagner）说：“现在，知识是一种商品。答案随处可见，也轻松易得。”而研究创新的教授保罗·博蒂诺（Paul Bottino）则认为，“明示信息的价值正在下降”，因为我们正被信息所淹没。博蒂诺是瓦格纳在哈佛大学的同事，他还认为，信息的真正价值，在于“在寻求问题的答案时，你能用信息来做什么”。

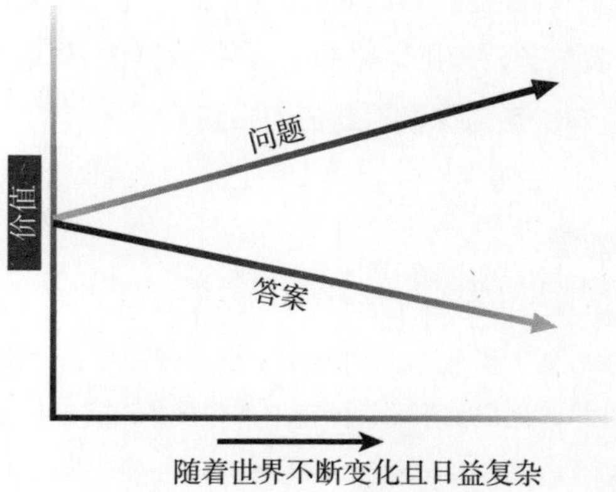

图 1-1　正在升值的“问题”

当然，知识过剩还有另一个有趣的效应，正如斯图亚特·法尔斯坦所说：“知识让我们更加无知。”换言之，尽管我们积累了越来越多的知识，对世界的了解也越来越深了，但个人了解的知识总量仍然远远小于知识自身增加的数量。

法尔斯坦指出，有许多未知领域仍有待我们去探索，这是一个好消息。作为个体，我们可以了解更多“众所周知”的事物，也可以发现无数未知的事物。总之，在问题这个手电筒照亮的地方也有黑暗之处。

我们还能以另一种方式来看待这个好消息，比如发现自己不断被新的、不熟悉的和未知的事物包围，我们现在所经历的与童年时完全不一样。在人生的每个转弯处，我们都有一些事物需要弄清楚、问明白。伊藤穰一说，当前的现实情况要求我们成为终身学习者而非只是早期学习者，但要想成为终身学习者，我们就必须竭力保持好奇心或将它重新点燃。因为我们需要对某些事物感到惊奇，也需要有尝试新事物的欲望，还需要有小时候适应变化和吸收知识的能力。简而言之，我们必须“稚气未脱”。所谓“稚气未脱”以生物学术语来讲就是“幼态持续”（neoteny），该词主要用来描述成年人身上滞留着幼年时的特征。为了让自己“稚气未脱”，我们必须重新拾起孩子们运用熟练的工具——提问。伊藤穰一将此简要描述为：**“除非去提问，否则你学不到任何东西。”**

提问的力量

A More Beautiful Question

许多人曾一直强调：“问题的价值胜过答案。”约翰·希利·布朗就是其中之一。他是施乐公司的前首席科学家，曾担任著名的帕洛阿尔托研究中心（Palo Alto Research Center，PARC）的负责人许多年。最近，作为创新智囊团德勤领先创新中心（Deloitte Center for the Edge）的联合创办人，布朗建议一些世界级的龙头企业要进行思考：怎样去适应现在持续变化的环境。他也基于自己提出的“指数级变化”（exponential change）的观点，撰写了很多有关反思教育方法的文章，而他认为“指数级变化”就在我们身边。

看到世界变化如此之快，布朗说：“我必须重新去想：要怎样利用现有的技术进行思考？由此，我提出了各种基础性的问题。当提出这些问题时，我才意识到，人们观察世界的方式是错误的，我必须建立一个全新的思考框架。”

现在，难题出现了——这个世界不仅在快速变化，也充斥着大量信息，这些来自四面八方的信息不断向我们涌来。如果没有一个信息过滤设备，我们就无法将相关信息或可信的信息与不相关或不可信的信息区分开。布朗说，当我们被海量信息压得喘不过气来时，“信息的语境就变得十分重要。现在对我们来说最为关键的是，你要具备从众多信息中发现并拆解有用信息的能力，也要明确选择正确信息的标准”。布朗指出，如果想做到这一点，你就需要“问各种各样的外围问题”，比如，这条信息的议程是什么？最近又发生了什么变化？怎样将它与我找到的其他信息联系起来？

作家赛斯·高汀（Seth Godin）在写作时也曾受到类似想法的触动：“现在，我们新的公民身份，以及职业生活都与‘提问’有关。比如，我们要提问现状、市场，或政治诉求。不过，在大多数情况下，我们都是在提问接下来会发生什么。”按照巴德学院院长利昂·博特斯坦（Leon Botstein）的话来说，要想在今天的信息沼泽中穿行，我们就必须具有“评估风险、鉴别谣言的能力，以及质疑他人的评论和自己的想法的能力”。我们越来越沉浸于各种信息、“事实”（可能是，也可能不是）、评论、诉求、提议和选择之中。因此，对我们来说，提出更严谨的问题就显得非常必要，因为只有这样才能更好地对这些信息进行筛选、分类、破译，也才能充分利用这些信息。

A More Beautiful Question 提问练习

如果我们能遮住自己打错的字，那会怎样？

20 世纪 50 年代，电动打印机日益普及，但它的打印带却很难擦除打字时的错误。贝特·奈史密斯·格雷厄姆（Bette Nesmith Graham）发现了这个问题。格雷厄姆从事两份工作，白天她是银行秘书和任务繁重的打字员，晚上就变成了商业艺术家。一天晚上，当她进行艺术创作时，她想，如果我可以遮住打字错误，就像抹去我画错的地方一样，那将会怎样？于是，她把一个装满按一定比例混合颜料和水的混合液体的小瓶子带到办公室。而她的“神奇混合物”轻轻松松地就将打印错误盖住了。很快，格雷厄姆就给上百名秘书提供了她的修正液。1980 年，格雷厄姆去世了。在这之前，她通过售卖修正液挣到了接近 5 000 万美元。她将一半的钱留给儿子迈克·奈史密斯（Mike Nesmith）——猴子乐队（The Monkees）前成员。而迈克最终将这笔钱投资到他的创新事业中——艺术公司 Pacific Arts，这家公司则成了多媒体唱片公司的先驱。

技术能促使我们提出更好的问题吗？在大多数情况下，技术更适合对问题做出回应，但不善于提出问题。50 多年前，毕加索证实了这个事实。他评论道：“计算机没有什么用处，它们唯一能做的就是告诉你答案。”

尽管如此，技术仍能为我们提供惊人的、创新的和改变人生的答案。当然，你首先要知道怎样向它们提出问题。IBM 的沃森系统向人们证明了，技术的潜力是令人难以置信的。2011 年，它在智力竞赛节目《危险边缘》（*Jeopardy!*）上公开亮相后，就已证明了它比任何人都更会回答问题。现在，IBM 不断给这个系统输送大量医疗信息，这样它几乎就能回答医生抛给它的任何问题了。比如，如果某位病人表现出 A、B 和 C 三种症状，那么这可能说明这位病人的哪个部位出现了什么问题？而医生必须先弄明白该问什么问题，然后才能质疑沃森系统给出的答案。比如，医生要判断沃森系统的答案是否在技术上是可行的但不符合常识。

在 IBM 的主要研究基地有一堆服务器，而沃森系统被单独放在地下室，它轻轻地“哼”着小调，等着解答各种问题。最近，当我去“拜访”沃森系统时，我问了问它的程序员，沃森系统是否能向我们提出尖锐复杂的问题？尽管这并不是沃森系统被设计出来的目的，但它的程序员给出的答案非常有趣且充满了希望：随着沃森系统越来越频繁地接触使用它的医生和医科学生，这台机器也将慢慢地训练他们提出更多、更好的问题。这样的话，这些医生和医科学生就能从沃森系统中提取他们所需的信息。当沃森系统把他们培训为更好的提问者时，也必定能帮助他们成为更好的医生。

“为什么—如果—怎样”提问框架

今天，仅有少数医护人员使用沃森系统来为自己的问题寻找答案。但最后，所有的医生（也包括我们）都将能利用基于云计算的某种超级搜索引擎，以一些我们尚未掌握的精准而专业的方式，来快速回答几乎所有事实性问题。如果这一切可以实现的话，那么“问题”的价值就会持续上升，而“答案”的价值则会不断下降。

很明显，技术会帮助我们解决所有问题，也正因如此，我们不需要再像过去那样一头扎进答案里。这不禁让我想起一个有关爱因斯坦的经典故事。曾经，有一位记者向爱因斯坦要电话号码，而爱因斯坦就顺手拿起旁边的电话本。当他在电话本上找自己的号码时，这位记者问：“为什么这么聪明的人却记不住自己的电话号码？”爱因斯坦解释说：“我不想让一些很容易查到的信息填满自己的脑袋。”

在谷歌和沃森的时代，数据库做了许多让我们能“知道答案”的工作。今天，许多批评家都质疑教育体制的合理性，认为教育体制始终以教学生记住答案为中心。作家苏伽特·米特拉（Sugata Mitra）就是其中一位，他在一次 TED 大会上抛出了具有挑衅意味的问题——我们不再需要知道答案了吗？当然，并非所有的知识都是纯粹的事实性信息，从言语表达上看，TED 大会的问题确实有些过于宽泛了。但是，如果我们聚焦于某个狭窄的知识领域（充满各种事实或答案），那么这种所谓的“知道答案”对人类来说并非是好事，让比人脑有更大内存的机器“知道答案”可能会更好。

A More Beautiful Question 提问练习

为什么我的糖果融化了？我的爆米花会爆开吗？

第二次世界大战期间，有一位自学成才的工程师叫珀西·斯潘塞（Percy Spencer）。他在美国国防承包商雷声公司（Raytheon）负责功率管部门，他将自己的全部精力都放在了磁控管上。磁控管可以增强雷达的功用，从而使美国的轰炸机能识别出德国潜水艇上的潜望镜。有一天，站在磁控管旁的斯潘塞发现，他口袋里的一颗糖已经融化了。他想，无线电波产生的能量能用来做饭吗？于是，他将一些玉米粒放在磁控管附近，很快他就津津有味地嚼着世界上第一份微波爆米花了。1947 年，雷声公司将第一台称为“雷达炉”（Radarange）的微波炉推向市场。但是，让这个大物件最终变成可放在厨房台面上的小型家用电器，雷声公司又花了 20 年的时间。

当技术开始被用于存储答案时，如果我们无法在这方面跟技术竞争，那么提问——这一人类独有的能力只能成为我们最后的撒手锏了。除非沃森系统具有与人一样的好奇心、创造力、发散思维能力、想象力和判断力等，否则它就不能提出原创的、反直觉的和出人意料的问题。因为这样的问题只有创新思想者才能想出来，甚至也只有你在 4 岁时才能想出来。

另外，我们还能通过有效的提问去全方位地探索、调查，进而弄明白凭借技术已经储备的答案可以做些什么？对于这个问题，人们仅仅利用搜索引擎或数据库查询，是得不到答案的，尽管那些能接触到网络且能自如运用网络的人可以使用海量的资源。

伊藤穰一指出，通过社交网络、在线信息资源和数字社区，人们就可以应对一个大挑战或解决一个大问题，也可以轻而易举地在线上发起一项活动。通过“从网上找到资源或答案、获得专家建议、找到合作伙伴、找到资金来源以及提升影响力等”，人们就能迅速地处理某个大问题或发起某项活动。**但是，“你从网上找到各种支持的主要方式就是不断询问。而这就要求你必须懂得怎样构建问题，以便能得到美丽答案”。**

按照这个说法，似乎没有哪个时代比当今这个时代拥有更佳的时机，来促使你成为一个提问者。因为现在你能从太多地方获取信息、帮助、想法和回馈，甚至发现对某个问题同样感兴趣的潜在合作者，所以你能轻易开启一段提问的旅程。

正如约翰·希利·布朗指出的，一个提问者能在“指数级变化”的时代得到更大发展。布朗说：**“如果不去提问，你就会对改变充满恐惧。但如果你不会因提问、尝试和连接各种事物感到烦恼，那么改变就会使你更具有冒险精神。而如果能将改变看成是一种冒险，那么你就能开启一段提问的旅程了。”**

该怎么问“为什么”

用布朗的话来说，菲利普斯“正在提问、尝试和连接各种事物”，所以他正在提问的旅程上持续前行。在这个过程中，他对最初提出的“为什么”问题进行了修正，那个问题变成了：“如果他们能让一个人登上月球，为什么我（而不是他们）不能制作一只体面的假肢？”此时，菲利普斯已经完全投入到肢体修复领域中了。

菲利普斯在这个领域学到的东西越多，他提出的问题也就越多。其中有的关于制作假肢使用的材料，比如“已经有这么多更好的替代材料，为什么还要用木头”；有的问题是关于假肢的大小，比如“为什么一只假肢必须做成像人的肢体一样大？这样有意义吗”；还有的问题则是关于制作假肢的主要目的，比如“为什么假肢一定要跟人的肢体的样子保持一致，难道假肢的性能不是更重要吗”。

这些问题构成了菲利普斯第一阶段的创新性提问。在这个阶段，人们往往会首次碰到一些问题，搭建起最初的问题框架。另外，人们还要努力去理解各个问题之间的联系，而这些问题则非常清晰地体现出人们面临的挑战。我认为，这就是“为什么”阶段，尽管在这个阶段并不是每个问题都必须以“为什么”字样开头。人们在这个阶段也开始尝试提出以下问题：

- 为什么会存在特殊情况？
- 为什么它会反映出一个问题或创造出需求和机遇？这些需求和机遇又是哪类群体创造出来的？
- 为什么之前没有人满足这种需求或解答这个难题？
- 为什么你（你所在的公司或者组织）希望投入更多的时间围绕这个难题进行思考和确定问题？

在某种程度上，菲利普斯面对的情况不同寻常。他不必自己去寻找“为什么”类的问题，问题就来找他了。他不必疑惑这个问题会影响谁，也不用想这个问题是否值得他投入时间和精力。但当他被迫要面对这个难题时，他也并没有消极地去问：为什么会落到我的头上？而是提出了一个更具前瞻性的“为什么”问题。然后，他便开始探索这个问题到底意味着什么以及它涉及的范围有多大。在这个过程中，他不断提出更多“为什么”类的问题。

当创新提问者面对的状况并不理想时，他们就会提出问题，并努力去想怎样使当前的状况理想化。这些问题通常都来自日常生活，比如里德·哈斯廷斯之所以创办奈飞就是因为遭遇了滞纳金的问题。潘多拉网络电台的创始人蒂姆·韦斯特格伦（Tim Westergren）曾经是一个乐队的成员。他发现，他认识的所有既颇具天赋又非常努力的音乐家都会因为这样一个问题而感到困惑不解：对他们来说，为什么与乐迷沟通如此困难？爱彼迎的两位创办人乔·格比亚（Joe Gebbia）和布赖恩·切斯基（Brian Chesky）都想知道：“在每年中的那个时间段，为什么来这座城市的人会很难找到酒店入住？”

《纽约时报》的科技记者大卫·波格（David Pogue）一直在撰写有关日常生活中的许多事物是怎样以相同的方式被创造出来的文章，比如ATM机、计算机文档和洗发水瓶等。波格认为：“当一个人看到某些事物被以某种方式完成时，他就会问‘为什么’，这时他往往就能找到突破口了。”

这种现象并非只存在于商业创新和发明故事中，在任何情况下，问“为什么”都可能是引起改变的第一步。格雷琴·鲁宾（Gretchen Rubin）证明了，一个简单的“为什么”问题是怎样对个人生活产生影响的，又是怎样引发巨大的变革的。在一个下雨天，鲁宾凝望着窗外的公交车，此时她陷入沉思：“为什么我现在感觉不到幸福呢？”这个问题促使她开始思考幸福的本质是什么。随后，鲁宾便对此问题进行了研究，并将学到的知识应用于自己的生活。重要的是，她还向其他人传递这些知识，以便他人也能将其应用于自己的生活。于是，她相当成功的一部著作就诞生了——深受读者欢迎的《幸福计划》(*The Happiness Project*)。

我们能够也应该探讨有关事业、家庭关系、本地社区的话题，多问几个“为什么”。这样，我们就能迎来生活的改善。为什么我的事业不像期待的那样有所发展？如果我的事业正逐步发展，而我仍不幸福，这是为什么？为什么我的产品或服务不能与对它们感兴趣的目标顾客群建立良好的联系？为什么我与我的岳父这么难相处？

有时，提问者会寻找“为什么”类的问题——寻找一个他们能解决的问题。尽管主动去搜寻难题似乎很怪异，但“发现问题”(problem-finding)这个术语就是用来描述这种追求的。商业顾问米恩·巴萨德(Min Basadur)从事传授企业高管“发现问题”的技能的相关工作。他认为，对企业来说，“发现问题”是它们应该做的最重要的事情之一。**如巴萨德指出的那样，如果能先于别人发现一个难题，你就能创造一家新企业、一项新事业甚至一个新行业。**这个道理同样可以应用于生活之中，巴萨德对此已经有所证明。在生活中，如果你能发现别人还未意识到的问题，并且在别人遇到危机之前就找到这些问题，那么你就能尝试去解决问题。同时，这些问题也能为你提供良机，以便你能完善自我和提高再创造的能力。

A More Beautiful Question 提问练习

为什么运动员的小便不多？

许多公司甚至许多行业的兴起都能追溯到一个问题，但是那些问题都不像“为什么运动员的小便不多”这个问题如此古怪。1965 年，美国佛罗里达州立大学的足球教练德韦恩·道格拉斯（Dwayne Douglas）想弄清楚一个问题，为什么运动员在比赛结束后小便量不多？这位教练之所以产生疑惑是因为，他知道自己的队员们在场边喝了很多水，但他没有意识到队员们不停出汗会流失大量体液，而这些体液就需要水来补充。道格拉斯把他的疑问告诉学校的肾脏医学教授罗伯特·凯德（J. Robert Cade）。凯德马上开始调制一种新饮料，这款饮料可以补充通过汗液流失的电解质。凯德让新生足球队的队员饮用他调制的饮料来进行测试，这支足球队很快就在练习赛上将高年级学生击败。这款饮料就是逐渐被人们熟知的佳得乐——以该球队的吉祥物命名，而它也由此开创了运动饮料行业。

仅仅问“为什么”但不采取行动可能会促进人们思考，也可能会开启一场对话，然而却不能让事情产生变化。一个基本的方程式：Q（提问）+A（行动）=I（创新）。而另一方面，Q（提问）－A（行动）=P（哲学）。在观察许多提问者处理难题的过程中，我注意到一个普遍模式：

- 当遇到非理想状况时，人们往往会问“为什么”。
- 人们开始提出可能的解决方案，而这些解决方案通常以“如果”类的假设性问题的形式出现。
- 如果人们采取其中一种可能的解决方案，并尝试将其落实，那么他通常需要思考“怎样”落实的相关问题（见图 1-2）。

“为什么—如果—怎样”这个顺序代表了一种解决问题的基本过程，而它也是符合逻辑顺序的。在某种程度上，它是基于现有的几个模式提出来的，而现有的模式则会将创造性解决问题的过程分解。比如，当前的“设计思维”（design thinking）理论主张的步骤是：首先，你要提出一个问题，并且尽可能多地了解相关知识，这与我提出的“为什么”阶段相类似；然后，你要产生解决问题的想法，这相当于我提出的“如果”阶段；最后，你要构建出这些想法的原型，这类似于我提出的“怎样”阶段。IDEO公司和许多知名设计师都使用这一理论来系统地解决问题。[①]

图 1-2 解决问题的顺序

从理解一个问题到设想可能的解决方案，再到基于这些解决方案采取行动，这是符合逻辑顺序的。而在商业顾问米恩·巴萨德的创造性解决问题流程中也蕴含着类似的逻辑顺序。他的理论借鉴了早先由布法罗大学的创造性解决问题研究所（Creative Problem Solving Institute）开发的流程，这家位于纽约的研究所虽然名气不大但具有强烈的传奇色彩。一个世纪之前，英国心理学家格雷厄姆·沃拉斯（Graham Wallas）就曾提出经典的创造性思维的四个阶段：准备期、酝酿期、豁朗期和验证期。而我们从中也能找到解决问题的逻辑顺序的影子。

① 想更好地了解 IDEO 公司如何运用设计思维，请阅读《IDEO，设计改变一切》。这本书的中文简体字版已由湛庐策划，万卷出版公司 2011 年出版。——编者注

举这些例子都是为了更好地说明，本书阐释的提问三阶段为什么要遵循那样的逻辑顺序。提问三阶段符合我们已知的理论，而这些理论使我们了解到，当面对难题时，最好的解决方案是什么以及怎样实施可能的解决方案。另外，提问三阶段的提出也是基于对书中提及的许多重要的提问者的观察，在想出创新的解决方案的过程中，他们会不停地重复这个逻辑顺序。

从本质上讲，提问过程是无序的，也是不可预知的。而“为什么—如果—怎样”的逻辑顺序却不仅可以给人们提供一个进行提问的简化方式，也能试图让整个提问过程以类似于上述顺序进行。提问的旅程必然会带你进入无知之境，当然也应该是这样。但是，在提问的旅程中，如果你很容易就能在各阶段提出各种问题，那么至少说明你明白了一些指引你的路标的意义。的确，这是一个非常美好的“过程”，它可能最终不会给你提供任何答案或解决方案，但正如一位设计思维者所言，体验这个过程会帮助你不断采取下一步的行动。因此，他认为：“当你不知道自己在做什么时，你仍然知道应该去做什么。”

用“如果”发现各种可能

在某一时刻，菲利普斯从“为什么”阶段进入“如果”阶段。到目前为止，菲利普斯一直在从事肢体修复行业的相关工作，不断进行“情景分析”（contextual inquiry）①，努力了解修复行业领域内的状况。因此，他能够聪明地提出疑问。

① 情景分析，是指在产品开发的过程中，亲自到产品的终端用户所在地去了解实际情况，比如用户的工作环境、工作习惯和具体需求等，从而可以更有效、更有针对性地设计产品。——译者注

当菲利普斯开始获取更多有关肢体修复的专业知识时，他却坚持让自己以最初那种“门外汉”的视角来进行思考。而在菲利普斯努力实现计划的过程中，他的一位导师提了一个建议，让他去专利局看看现在有哪些假肢专利，借机研究已有的假肢产品。菲利普斯说：“我对此的回应是‘我不会让其他人的想法来干扰我的想法。我要沿着自己的路走，而不是别人的’。”

对于研究假肢这件事，菲利普斯并不着急，所以他没有从专家那里寻找快捷的途经。**他说：“如果你给自己的想法留出一些时间和空间，那么随着时间的推移，它自己将会努力解决问题，并且通常会衍生出许多有趣的解决方案。”**于是，渐渐地，这些解决方案开始在菲利普斯的脑海里浮现。不管我们是否能意识到想象力的存在，在“如果”阶段，想象力就开始发挥作用了。长久以来，如果你都沉浸在一个想要解决的难题或问题中，那么你将会想出一系列可能的解决方案，而这些可能的解决方案最终会通向答案。但在这个阶段，你的想法仍然是推测性的，是未经证实的假设，也是早期的顿悟。顿悟通常有这样的特点——“啊哈！就是这样”，而这个特点表明，你的难题瞬间得到了解决。但更多的时候，在“如果”阶段，人们会具有格外敏锐的洞察力。而此时，那些看似非常有可能的解决方案都是未经证实的，也是会令人质疑的。

提问的力量

A More Beautiful Question

“如果”阶段是一个很有意思也十分开放的提问阶段，你可以在这个阶段探索到底有多少可能的解决方案，所以你不必急着进入下一个阶段。今天，对于快速查询得到答案以及快速获取服务，我们已经习以为常了。而对我们来说，“与问题为伴”可能显得有些奇怪。在《无知：它怎样驱动科学》这本书中，斯图亚特·法尔斯坦一直想弄明白一个问题，那就是我们是否满意这种快速获取答案的现状。于是他提出，我们是否太过着迷于答案？我们害怕问题吗，尤其是那些需要反复思考很久的问题？

在你探索怎样解决一个难题时，最糟糕的事莫过于太快得到答案。而当你的脑海中冒出“如果”的可能性时，你需要花大量的时间对这些新鲜想法进行过滤，最终才能形成确定的想法。如果你能将现有的许多想法用不同寻常且有趣的方式连接起来，那么这些想法就会形成一个新的想法。爱因斯坦就是这种“组合思维”（combinatorial thinking）的早期拥护者。今天，“组合思维”被人们普遍视为创造力的一种主要来源。因为这种思维类型由两部分组成：连接和问题。所以，我认为，从本质上讲，“组合思维”就是“连接性提问”（connective inquiry）。

“怎样”将想法带入现实

当菲利普斯沉浸于制作假肢的计划中时，他做了许多有趣的、标新立异的连接性提问。比如，他开始思考有关跳水板的弹力问题，并提出了“如果能通过某种方法将跳水板的弹力作用复制到假肢上，那会怎样”这一问题。在探究这一可能性的过程中，他了解了动物的腿部是怎样运动的。比如，当猎豹的腿弯曲并且其肌腱受到压力时，它的后肢肌腱的力量怎样产生惊人的推力。如果一个人的腿能像猎豹的腿一样，那会怎样？

菲利普斯将这一想法与自己的记忆进行了关联。小时候，他的父亲有一把古老的中国剑，剑是C形的。实际上，弯曲的刀片要比直的刀片更结实、更有韧性，所以菲利普斯一直对这把剑十分着迷。想到这件事，他的脑海里便产生了一个新方案：如果把传统的由小腿和脚组成的L形假肢变化一下，去掉脚后跟，制作一个从腿到脚尖都形成流畅的、连续曲线的下肢，那会怎样（见图1-3）？他利用这种设计和适当的材料，最终把猎豹的肌腱的灵活性与跳水板的弹力都融入新的假肢中。使用这样的假肢，截肢者不仅可以走路，还能跑和跳。

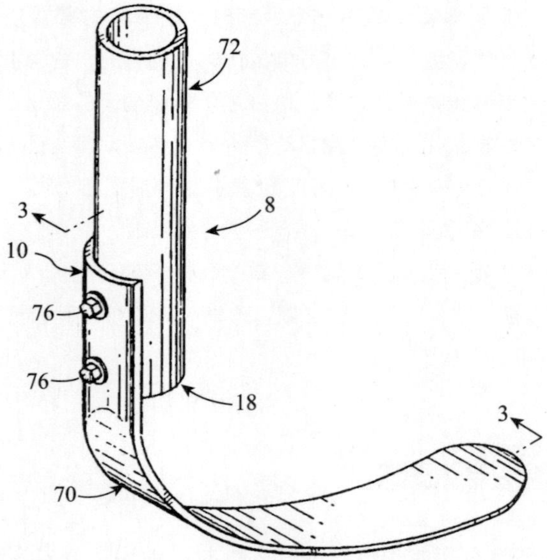

图 1-3 菲利普斯设计的“猎豹”假肢模型草图

A More Beautiful Question

提问练习

如果车子的挡风玻璃能来回摆动，那会怎样？

1902 年，到亚拉巴马州旅行的玛丽·安德森（Mary Anderson）注意到纽约公共汽车的司机需要非常费力才能透过被雪遮住的挡风玻璃看清窗外的景物。于是，她想，为什么没有人发明一个能清除落在挡风玻璃上的雪的设备？当然，后来玛丽发明了这样的设备，她设计出了第一个汽车雨刷。6 年后，鲍勃·卡恩斯（Bob Kearns）针对汽车雨刷提出了自己的问题，并将雨刷应用于现代汽车。无论是倾盆大雨还是毛毛雨，原来的雨刷都是用同一种速度运动，卡恩斯对此很不满意，于是他提出：“为什么雨刷不能像眼皮那样眨呀眨呢？”比如，会根据需要调节眨眼的次数。就这样，卡恩斯有了制作“间歇式雨刷”的想法，然后他开始在地下室思考怎样实现这个想法。最终，一个简单且造型美观的三组分电子传感和电子时序设备诞生了。2008 年上映的电影《天才闪光》（*Flash of Genius*）讲述了美国三大汽车巨头侵犯他的专利的故事。

“如果”类的问题拥有无穷的力量，它们是创新的种子。但是，即便在你努力寻求这类问题的答案的过程中获得了动力，也不可能将想法瞬间带入现实。辨别创新提问者的方法是，看他们是否能形成自己的想法，并具有让这些想法成真的能力，而长期坚持不懈地追求自己的梦想以及经常果断行事就能造就这样的能力。最关键的是，当问完所有的“为什么”类的问题时，在接下来的提问阶段，你就该考虑“如果”类的问题，并且必须想：“我该怎样完成这件事？”思考怎样完成一件事就意味着进入行动阶段了，但该阶段仍需要靠问题来驱动，且多数问题都是要具有可行性的。

- 我该怎样决定哪个想法是自己要去努力实现的？
- 我该怎样检验那个想法，看看哪一部分行得通，哪一部分行不通？
- 当我发现自己的想法行不通时，我该怎样改变原有的想法呢？

相比以往，如今我们大多数人在构建自己的想法和问题方面都有很大的优势。我们能用计算机速写程序，能制作自己拍摄的 YouTube 视频，能建立测试网站，能到社会化网络中寻求帮助，还能在众筹平台 Kickstarter 上发起一个众筹项目来获得资助，以便解决难题或创造新事物。

菲利普斯在致力于实践自己的假肢计划时，却没有如今这样的资源。他先是手工绘制草图，接着在地下实验室做出了假肢的黏土原型。然后，他艰难地走到厨房，把制作假肢的原料放进烤炉烘烤。他说："烤炉电热板约有 22.7 千克重，我把各部分材料放在电热板之间，使得它们能融合成一个整体，为此我烫伤了很多次。"

菲利普斯制成的"飞毛腿"（Flex-Foot）原型有 200 ～ 300 个，"在第一次受到来自身体的压力时，许多'飞毛腿'原型就坏掉了"。每当"飞毛腿"原型坏掉时，他都会提问，通过提问对失败进行全面剖析。菲利普斯提出的问题包括："为什么它会坏掉？""如果我改变制作原型的混合材料，那会怎样？""怎样抬起来这只新假肢？"菲利普斯每摔倒一次，他就向前又迈了一步，离突破也就更近一些。在整个提问的过程中，他在失败中不停地前进。

20 世纪 80 年代中期，菲利普斯将"飞毛腿"假肢引入市场，这一举动彻底改革了肢体修复行业。2000 年，菲利普斯出售了他的公司和生产线。虽然"飞毛腿"产品线生产了适合各种用途的模型，但其中最引人注目的则是"猎豹"，它融合了多方面的作用机制，比如跳水板、动物腿和弯曲的中国剑等。它的弯刀设计改变了假肢常规的样子，改变了截肢者使用它的方式，当然也改变了我们对修复学的看法。截肢者利用菲利普斯的发明甚至可以攀登珠穆朗玛峰。短跑运动员艾米·穆林斯（Aimee Mullins）使用了菲利普斯的产品，她成为第一个双腿截肢短跑选手，并代表美国乔治城大学参加了美国大学生体育协会举办的田径比赛。最著名的例子是，在 2012 年残奥会中，南非选手奥斯卡·皮斯托瑞斯（Oscar Pistorius）套着两只"猎豹"假肢参加短跑比赛。至于菲利普斯十几年来一直探究的那个问题，他自己制做出的假肢产品就是最好的解答。假肢让他重新找回了生活的激情。他的家位于加利福尼亚州门多西诺县（Mendocino），现在他每天都在自己家附近的海滩上跑步。

当菲利普斯不去跑步时，他就会努力工作，试图制出更好的新假肢。

事实上，在开发出“猎豹”后，他紧接着又提出了一系列新问题：“为什么它的成本这么高？”“如果对这一设计进行调整，比如通过使用新材料和不同的工序，让假肢被更多人接受，那会怎样？”“我怎样才能实现这种调整？”

通常，提问者与菲利普斯无异，他们获得的每个“答案”都会引发自己提出新一波的问题。对他们来说，坚持不懈地提问就像呼吸一样，是很自然的。但他们是怎样做到的呢？为什么大多数人都做不到呢？

提问清单

A More Beautiful Question

1. 提出一个问题能为我们带来什么？
2. 我们正在忙什么，还有什么工作等着我们？
3. 提出问题比给出答案更有价值吗？
4. 我们不再需要知道答案了吗？
5. 为什么一切都以“为什么”开始？
6. 怎样将“提问”转化为“行动”？

A MORE BEAUTIFUL

QUESTION

The Power of Inquiry to
Spark Breakthrough Ideas

QUESTION QUESTION QUESTIO

02

不懂正确发问的人，必遭到忽略

学学孩子，别带着标签看事情

几年前，美国喜剧演员路易斯 · C. K. 为他的个人表演写过一个有关孩子和提问的剧本。剧本的开场描绘了这样的情景：在麦当劳，有一个孩子不停地向他的母亲提问。孩子问："为什么天空是蓝色的？"但这位家长却打断孩子说："闭嘴，吃你的炸薯条！"路易斯向观众解释说，这种话听起来似乎很刺耳，但事实是"你回答不了孩子们的问题，他们也不接受任何答案"。如果试图回答问题，你就只能被无尽循环的"为什么"牵绊住。随后，他通过叙述与自己的小女儿的一段对话来证明了这一点。

他们的对话从一个天真无邪的问题开始："爸爸，为什么我们不能去外面玩？"但最后，路易斯却要跟女儿解释：为什么正在下雨；为什么会形成白云；为什么他不知道白云是怎样形成的；为什么他在学校没有集中注意力听课；为什么他的父母不关心他的教育。路易斯不断地被追问，直到他努力地向女儿解释为什么我们孤独地生活在宇宙中，为什么没有人给出关于我们为何存在的答案。因此，到最后不可避免的是，他告诉孩子："闭嘴，吃你的炸薯条！"

这件小事很好地反映了一个事实，那就是当任何人身边有某个年龄段的孩子时，都要不断地去回答他们提出的问题。然而，有趣的是，这位喜剧演员用非常直白的方式描述了他在回答自己的孩子最后那个问题时的挫败感。在这样的情境中，成年人会变得恼火，变得心绪不宁，意识到自己的无知，还会觉得自己没有价值。所有这一切都是因为“为什么”这个词。路易斯清晰地表示：“我们可能口口声声说，钦佩孩子的好奇心，但在某些时刻我们就是不欢迎他们提出的问题。”

我们也可能仅仅被小孩子们提出的大量问题就搞得疲惫不堪。哈佛大学儿童心理学家保罗・哈里斯的研究表明，一个孩子在 2 ～ 5 岁会问出 4 万个问题。哈里斯说，3 岁是一个过渡期，3 岁的孩子提出的问题类型会发生转变。一开始，他们提出的问题会是简单的事实性问题，具有较强的客观色彩，到 30 个月时，孩子会第一次要求大人解释某个问题。4 岁的孩子提出的大部分问题则都是在寻求解释或原因，而不仅仅是获得事实。

当这种现象出现时，就说明孩子的大脑正在迅速发育。在华盛顿大学，先进的大脑扫描技术显示出，在孩子的大脑中神经元之间突触连接的形成过程。那么，华盛顿大学的实验室究竟做了哪些工作呢？在蒂法尼・什莱恩（Tiffany Shlain）执导的电影《脑力：从神经元到网络》（*Brain Power: From Neurons to Networks*）中，对此就有非常详细的介绍。该实验室的扫描结果显示，孩子大脑中的神经元之间的连接数量会激增，总计有约上千万亿个突触连接，比一个成年人大脑中的突触连接还要多 3 倍以上。**这说明，孩子的大脑在不停地进行连接刺激，或者持续进行思维活动。当他们正在进行这些脑力连接时，就会通过提问的方式来获取更多信息。**

孩子提出一个问题并不是一件容易的事。哈里斯将此描述为“一系列复杂的脑力演习”，而这个过程从孩子认识到自己不知道某件事物开始。孩子提问也表明，他们了解到存在各种各样可能的答案。哈里斯在他的书

《相信别人告诉你的事》(*Trusting What You're Told*) 中写道：“当他们问晚饭吃什么时，他们能够想象出晚饭可能是汤或者比萨。”哈里斯还写道：“如果你不相信事物可能会有几种不同的存在方式，那为什么还要提问？”另外，孩子提问也意味着，他们已经想出一种能弥补自己知识不足的有效方式，那就是询问可能知道答案的人。

当孩子开始探索这个世界时，伴随着他们不断遇到不能清晰分类或不能给出明确定义和解释的事物，神经键就逐渐在他们的脑中活跃起来。儿童神经学家斯图尔特·莫斯托夫斯基（Stewart Mostofsky）指出，儿童对事物进行分类的“心理模型”（mental models）尚未搭建好。所以，在某种程度上，当他们提问时，就是在寻求成年人的帮助，请成年人帮自己解决大量分类问题。比如，对他们经历的事情进行分类、贴标签，并将事情恰当地存储在大脑中的某个区域。

A More Beautiful Question 提问练习

为什么天空是蓝色的?

这可能是每个孩子都会提出的一个经典问题。如果你发现这个问题很难回答，那就说明你在犹豫不决。为 edge.org 网站撰写文章的尼古拉斯·克里斯塔科斯（Nicholas Christakis）表示，几个世纪以来，从亚里士多德到牛顿等伟大的人物都曾探索过这个问题的答案。克里斯塔科斯在文中称赞了牛顿，以及牛顿首次证明“白光可以被分解为不同颜色的光”的光折射实验。但这又引出了另一个问题：是什么折射了更多蓝色光到我们的眼睛里？科学家们最终了解到，入射光与气体分子在空气中相互作用的方式会使光谱中蓝色的光更加分散。同时，生物学家们则证实了另一个影响因素：我们的眼睛对蓝色更加敏感。正如克里斯塔科斯注意到的那样，科学世界的许多领域都会被包含于“孩子们提出的问题中”。

当创新者谈到有关保持初学者的心态的想法或者“幼态持续”（伊藤穰一很喜欢用这个术语）的优点时，他们都谈到有一件事情值得去做，那就是：**你需要描述当时观察到的未被贴上标签或未被分类的事物。**因为一旦事物被贴上标签，被标记存档，它们就变成人尽皆知的了，我们也就不会再去思考它们，甚至可能不会再注意到它们。

提问的力量

A More Beautiful Question

4～5岁是孩子提问的理想年龄段。在那个年龄段，他们已经掌握了提问的语言技巧，他们的大脑也依旧处于一种高度连接的模式，并且他们还能以不带标签和不含假设的方式来看待事物。我们可以说，孩子们是完美的探险家。当物理学家奈尔·德葛拉司·泰森（Neil deGrasse Tyson）谈到孩子时，他将他们比作科学家，因为孩子会反复思考有关岩石和饲料之类的事情。保罗·哈里斯指出，孩子与人类学家也很相似，他们不仅进行实验，还不断向周围的人提出许多问题。

人们通常会认为，孩子不太关心答案。路易斯提到孩子不断向大人抛出“为什么”这类问题就体现出，不管你回答什么，孩子只是一遍又一遍地问为什么。但实际上，他们似乎确实非常在意自己得到的答案。密歇根大学最新的一项研究表明，当学龄前儿童问为什么时，他们不仅在试图惹怒成年人或延长对话，同时“也在努力弄个水落石出”。在这项研究中，当小孩子获得真实的解释时，他们既会同意这个解释，也会对此感到满意，但也可能会问出后续的问题。然而，如果没有得到满意的答案，他们就可能会不满意自己一开始提出的问题，并且会重复提出这个问题。

欧洲工商管理学院的教授、提问专家赫尔·葛瑞格森说，如果仔细观察孩子问成年人问题的状况，你就会发现："孩子反复问为什么的原因通常是因为我们不理解他们的问题，或者我们根本没在听他们的问题。而通过重复性的提问，他们就能跟我们进行交谈。他们其实在想'你没有听懂我说的话，你不理解我在问什么'。"

当孩子开始接受幼儿园教育时，在提问方面，他们就会发生一个神奇的改变。此时，学龄前儿童进入了一个充满刺激的环境，周围都是好问的孩子，而他们也都准备好向一个成年人提问，而这个人就是教师。从表面上来看，这种环境是孩子提问的理想环境。但是，按照保罗·哈里斯的说法，孩子在这个时候提出的问题却会突然减少。哈里斯引用世界各国许多类似的研究结果证实了自己的这一说法。于是，他就此推理"自在"这一因素在其中起到了一定的作用。孩子更愿意在家里与自己的父母分享他们的问题，因为那比在幼儿园向教师提问轻松多了。

即便如此，学龄前儿童提问的数量仍然远多于年长的学童提问的数量。大部分幼儿园的环境比较宽松，表现在允许更自由的玩耍和探索，而这一点可能是帮助孩子在这个阶段坚持提问和学习的关键。

有趣的是，当幼儿园向正规学校的教育模式不断靠拢时，可能会让孩子不得不接受更多的信息，给他们灌输各种问题的答案，而这些问题却不是他们自己提出来的。另外，这样的幼儿园也可能会制约孩子们天生的好奇心。儿童心理学家艾莉森·高普尼克（Alison Gopnik）[①] 直言不讳地批评道，这种把幼儿园转变成学校的趋势并不理想。她说，这是由野心勃勃的父母（至少在美国是这样）驱使的，也是由美国政府要求幼儿园设

① 想要更多地了解高普尼克的观点，请阅读《宝宝也是哲学家》。这本书的中文简体字版已由湛庐策划，浙江人民出版社 2014 年出版。——编者注

置更为标准化的教学模式所造成的。

高普尼克表示，当我们过快地教给孩子太多知识时，就会不经意间切断他们提问的路径。而孩子原本可能会自己去寻求问题的答案。正如高普尼克提出的："孩子是研究与开发人类物种的关键之一。"如果他们被允许独自去提问，比如通过各种形式的实验提出问题以及探索他们提出的问题的答案，而无须背负各种指令或说明信息，那么他们就会更具创造力，也会有更旺盛的好奇心。

高普尼克表示，年幼的孩子会以类似于科学家进行研究的方式来学习，比如通过探索和实验。所以我们应该谨防幼儿教育向更加结构化和学术化的趋势发展。当学生开始接受小学教育时，严谨的教育便接踵而至，这也是孩子们的提问次数开始出现显著下滑的时期。

学习悬崖，什么让我们害怕发问

2010 年，威廉玛丽学院（College of William & Mary）的金弼焕教授（Kyung-Hee Kim）发现，美国学校采用著名的托伦斯系统（Torrance System）对学生进行创造力测试的测试分数从 1990 年开始降低，自此之后一路下跌。金弼焕教授的发现一时激起美国媒体的热议，其中包括美国《新闻周刊》(*Newsweek*)的一篇封面报道《创造力危机》(*The Creativity Crisis*)。这篇文章讨论了怎样教学生提高创造力，以使他们摆脱创造力危机。它深入探讨了创造力和神经系统科学的相关内容，涵盖神经网络、右脑和左脑的功能差异、发散性思维和聚敛性思维的关系等。然而，"学龄前儿童每天平均问他们的父母大约 100 个问题，但等到他们上了中学，却几乎完全停止发问"这个核心问题只被作者轻描淡写地几笔带过，且淹没在文章零碎的内容中。

如果绘制一张图表来记录孩子们的提问变化情况，你就可以看到，他们提问的次数急剧减少（见图 2-1）。正确问题研究所已经用 2009 年“美国国家教育报告卡”（Nation's Report Card）制作了这样一张图。而与此相对应的是，在学校期间，孩子的阅读和写作能力却有稳步提高。

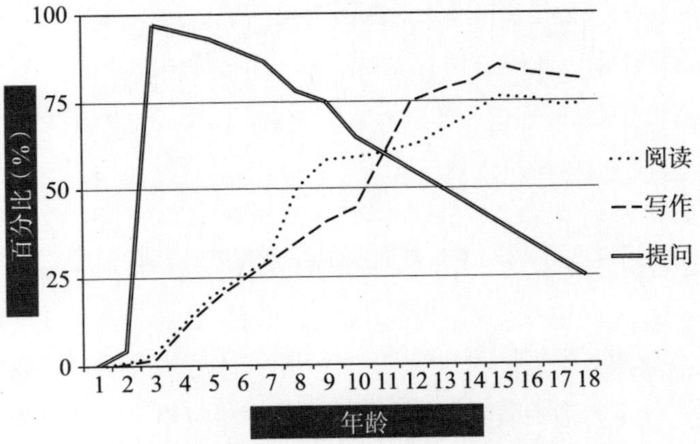

图 2-1　孩子们使用各种技能的百分比

孩子们提问次数的急剧下降可能并不会令人警醒。有人可能会认为，一旦开始阅读和写作（包括发短信和网上搜索）后，孩子们就不需要提出更多问题了。但关键在于，当孩子不再提问时，他们投入到学校的课程学习的程度也会相应下降。盖洛普最新的一项研究测量了学生投入学校学习的程度的状况，结果发现，学生从小学升入中学时也会出现同样的学习投入度骤然下降的现象（见图 2-2）。当盖洛普在 2013 年初发布这项研究结果时，美国财政也正在经历突发的危机。于是，作家丹尼尔·平克（Daniel Pink）[①] 在他的博客中问道："'学习悬崖'（school cliff）比'财政悬崖'（fisc cliff）更值得我们关注吗？"

① 想要更多地了解平克的观点，请阅读《全新思维》。这本书中文简体字版已由湛庐策划，浙江人民出版社 2013 年出版。——编者注

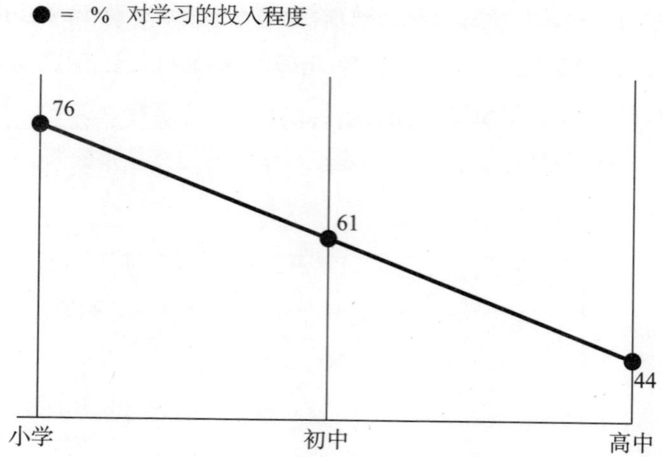

图 2-2 学生对学习的投入程度不断下降

图 2-2 表明，学生提问与他们对学习的投入程度和学习兴趣之间有一定的关系，许多教师不需要做什么正式研究就可以得出这样的结论。不可否认的是，这其中也存在着一个“鸡生蛋还是蛋生鸡”的问题：孩子们不再提问是因为在学校里失去了学习兴趣，还是因为天生的好奇心（偏爱质疑）不再强烈而导致他们在学校里失去了学习兴趣？

为了解答这个问题，我问过许多儿童神经学家和心理学家，也问过不计其数的教师和教育专家。很明显，随着孩子的成长，各种因素都能影响孩子提问的次数和他们的好奇程度。比如，在 5 岁左右，大脑开始削减一些神经连接，而这些连接在 5 岁之前的那几年则会在孩子的脑中飞速扩展。这就是“突触修剪”（synaptic pruning），它意味着孩子的提问次数会减少，他们对周围世界的疑惑也会越来越少，同时也意味着当我们面对充满分类和标签的世界逐渐形成自己的思维模式时，我们询问“这是什么”的情况同样会变得更少。

许多教育家和学习专家主张，美国目前的教育系统并不鼓励教学生提问，然而，在某些情况下，却又默许学生提问。哈佛大学教育专家托尼·瓦格纳教授说：“当你在学校因为比其他同学知道更多的‘正确答案’而受到鼓励时，我们自然就给学校教育的目标下了定义，让那些持错误答案的人处于不利地的地位。的确，在如今高度重视应试的世界里，我们没有给那些与考试无关的问题留出时间。”

瓦格纳告诉我，他经常坐在教室里观察学生们的提问情况。他说：“在一堂七年级的科学课上，有一个孩子提问各种各样关于宇宙和星星的问题，而教师只是说，‘看，这就是行星，现在记住它’，这对我的触动很大。课堂传递的信息就是‘我们没有时间问问题，因为那会花掉本应该记住许多答案的时间’。”

公平地讲，在面对这样的情况时，许多教师都会感到无能为力。加利福尼亚州的一位高中教师伤感地说：“有如此多的国家标准，我必须按照标准来让学生了解这些概念，这就使我不得不抽掉做自己认为最有价值的事的时间，而我认为最有价值的事就是让学生对这个世界进行提问。”多明尼克·伦道夫（Dominic Randolph）是纽约市河谷学校（Riverdale Country）的校长，他用企业术语“产品导向”（product-driven）来形容今天的许多学校。在提高测试分数的压力之下，这些学校试图将类似于经济效率的思想逐渐灌输到教学过程中——在有限时间内尽可能传授学生更多信息，而给学生留出的提问时间却非常少，甚至没有。

当教师受到遵循强制性的指导方针的压力时，他们就会不善于接受学生的想法或回答学生的询问。在一项有趣的研究中，有位研究者证明了这一点。威廉姆斯学院（Williams College）的苏珊·恩格尔（Susan Engel）对两组教师进行了一个实验，他没有给其中一组教师提供有关科学课的教学指导，却巧妙地鼓励另一组教师遵守工作表的安排。在学生表达自己的想法时，第一组教师倾向于用令学生感兴趣和鼓励学生的方式进行回应。

而第二组教师则会说："等一下，这不属于教学指导的范畴"之类的话。由此，恩格尔得出结论："教师非常容易受到外部影响，而他们对教学目标的理解直接影响到他们回应孩子们自发探讨问题的方式。"

A More Beautiful Question 提问练习

为什么我们想让孩子安安静静地坐在课堂上？

与普通的12岁孩子一样，美国明尼阿波利斯市（Minneapolis）附近海洋小学（Marine Elementary School）的六年级学生在课堂上有扭动身体、随便乱踢和烦躁等迹象。这是由于他们的精力太过充沛而难以全神贯注于课业上。如果想控制这种情况，教师们就需要要求他们集中精力安静地坐着。他们的教师阿比·布朗（Abby Brown）想知道："如果学生们不必安静地坐在课堂上，那会怎样？"美国梅奥诊所（Mayo Clinic）最新研究的"活动许可教育"（activity-permissive education）模式主张让孩子边学习边扭动，布朗从中得到了很多启发。随后，他设计了一种新的课桌，课桌上面有一个凸起的座位，不仅可以让使用者保持坐姿，还允许其更自由地扭动。有了这些新课桌，学生的注意力马上就提高了，而布朗的创新课桌也被其他教师采用。

近年来，一些涉及超负荷课程以及"为了考试而教课"的问题似乎在不断恶化。其中很多问题在学校里普遍存在，比如学校鼓励学生记住答案，而不鼓励他们提出创新性问题，这已经是老生常谈了。有人指出，学校是基于教育系统设立的，而这个系统又是在工业时代创建的，因此学校和如今的社会所追求的目标不同。

正如许多教育批判家指出的那样，许多工业化国家的学校在很大程度上并不是为产生创新思想家或提问者而设计出来的，它们的根本目的是“生产”工人。作家赛斯·高汀写道：“我们的祖父和曾祖父建立学校是为了训练人们花费一生的时间去生产劳动，使其成为工业化经济的一部分，而这确实奏效了。”

为了创造出好的工人，教育系统会奖励那些顺从和死记硬背基本知识的学生。在一个产业工人身上，这些特点的确是优良品质。或者如《辛普森一家》的创作者，漫画家马特·格罗宁（Matt Groening）指出的：“传统学校主要是教你怎样在座位上安静地坐着，这是一种完美的培训，让人们更熟练地应对无聊的办公室或工厂中的工作，但对教育却未必有好处。”

这种教学目标也不利于学生提问：当学校如同工厂一样时，提问“事物存在方式”的学生就被视为不听话或不顺从。因此，我想要提出一个看似极端的问题：如果学校不是在工厂模式的基础上建立起来的，那它们是为消除问题而设立的吗？

提问的力量
A More Beautiful Question

从逻辑上讲，当我们从工业社会迈入一个遍布企业的社会时，你就能够理解为什么我们希望学校教育的工厂模式或顺从模式发生转变，变成一种鼓励学生提出更多问题的教育模式。但是，遗憾的是，随着世界的变迁以及工作场所的改变，旧的教育模式却没有进化太多。在很大程度上，这种模式仍然无法满足现代经济对更具创造力、独立思考型“工作者”的大量需求。

高汀和其他人认为，在尝试推动旧的教育模式迈向现代化的过程中，我们首先应该问一些关于学校教学目的的基本问题。高汀提出了一个类似的问题作为出发点：“学校是为了什么而建立的？”我们也可以把这个问题换成：“学生家长当初为什么把孩子送进学校？”

当前，有很多围绕教育改革的争论，其中包括学校间相互矛盾的教学模式；互相抵触的教育哲学；在怎样测试学生的学习能力、怎样设计课程和怎样评估教师上存在不同的意见等。虽然“为什么”一类的问题有助于形成更广泛的讨论，但不知什么原因，人们却没有提出太多这类问题。

让我们来考虑一下高汀的问题吧，我认为，其答案可部分总结为：“让学生准备好成为有能力的21世纪公民。”我相信，即便高汀的这个问题没有答案，但至少有很多人会同意这个答案。

这个答案引发我们提出另一个根本性的问题：现代的工作场所和现代社会要求公民做什么样的准备？也就是说，人们要想富有成效地做事且稳步成长的话，需要具备什么样的技能、知识和能力？这个问题的答案也不简单。托尼·瓦格纳和约翰·希利·布朗研究了正在进化的工作场所需要人们具备什么样的素质，他们一致认为，新的世界要求人们能自学、富有创造力、拥有丰富的资源，并且能调整自身去不断适应变化。另外，他们还将提问放在新的工作场所需要的关键生存技能列表的首位。

在新的形势下，难道人们就不需要记忆并复述事实的能力吗？新技术让我们通过指尖就能查看到很多事实性信息，它消除了我们对记忆的需求。但实际上，这又引出高汀提出的另一个尖锐的问题：我们应该抛弃那些失败的教育模式吗？

如果我们只是关注一个有关学校教育基本目的的“为什么”问题，并且认同学校教育的最初目的是让21世纪的公民成为终身学习者，以便他们能够适应现代世界不断发生的变化。同时，如果我们也承认，提问能力是一种非常关键的技能，那么我们就可以很自然地提出以下问题：

- 如果我们的学校能让学生成为更好的提问者，从而培养他们成为更好的终身学习者和适应变化的人，那会怎样？

- 我们怎样才能创建出这样一所学校？

为了解答这些问题，或者说为了尝试去设想一所以提问为教学核心的学校，我们需要回头看看 20 世纪 70 年代美国纽约市哈莱姆区的情况。在哈莱姆区，由代课教师晋升校长的德博拉·梅耶尔为学校创建了一个有些激进的模型，该模型就是为培养学生的提问能力而设计的。

强行灌输知识，不如培养提问习惯

如今 80 多岁的德博拉·梅耶尔是教育界的一个传奇人物。她就是几十年前“小型学校运动”的开拓者，也是第一个获得“麦克阿瑟天才奖”（MacArthur Genius Award）的教育家，该奖项表彰了她创办纽约中央公园东方学校的开创性工作。

梅耶尔在美国东北部成立了许多学校，如今依旧参与这些学校的大量相关工作。另外，她还一直撰写颇受欢迎的教育博客，在博客上不断提出一系列有趣的问题：

- 要培养善于创造和有活力的公民，最可能的途径是通过以考试为驱动力的教育模式吗？
- 如果我们想毫无顾忌地“犯错误”，那么什么样的课堂允许这样的情况存在？

我特别欣赏这个问题：“如果我们鼓励孩子具有提问精神，而不是扼杀这种精神，那么人类的潜能到底有多大？”

我问了梅耶尔上述第二个问题，她回答说，这个问题最初跳进她的脑海里时是在 40 年前。当时，哈莱姆区学校的一个三年级学生对她说：“**这所学校的与众不同之处在于，你对我们不知道的事情感兴趣，而不是我们已经知道的事情**。”梅耶尔被这样的评论深深吸引。她认为，这句评论比她的学校取得任何卓越的考试成绩都更有意义，由此她也更坚信自己当初开设中央公园东方学校是对的。

1974 年，梅耶尔开设了她的第一所学校，这所学校是在美国东哈莱姆区的一个荒废和破旧校舍的基础上建立的。按照该地区以前的一位学校官员西摩·弗利格（Seymour Fliegel）的话来说，这片地方曾经是“坍塌的纽约教育系统的缩影”。梅耶尔接受的是贵族化的纽约私立学校的教育。拿到硕士学位后，她在芝加哥的一所公立学校教书。由于对当时的教育状况感到非常沮丧，她开始试验一些新的教育方法，也因此被纽约的一所学校主管注意到。当时，这名主管在哈莱姆区的处境非常不好，于是他给梅耶尔一次实践想法的机会。

梅耶尔觉得，学校不应该只是把信息灌输给孩子，而需要教孩子搞明白他们接收到的信息是什么意思，这样孩子们就知道该怎样理解这些信息，也知道该用它们来做些什么。她在接受采访时说：“**我关心的是，学生怎样才能成为批判性思想者和问题解决者，这两类人正是一个文明社会所需要的。**”

梅耶尔设立的学校的教学核心是五大学习技能或“思维习惯”，而其中每个技能都与一个问题相对应：

- 证据：我们怎样知道什么是对的，什么是错的？有什么证据可以证明？

- 视角：如果我们站在他人的角度看问题，那会怎样呢？或者从另一个不同的角度看问题，那又会怎样？
- 联系：是否存在一种模式？我们以前看到过类似的模式吗？
- 猜想：如果它与众不同，那会怎样？
- 相关：它为什么重要？

梅耶尔提出的核心问题来自她自己的连接性提问。从约翰·杜威（John Dewey）、让·皮亚杰（Jean Piaget）和西奥多·赛泽（Theodore Sizer）等诸多教育创新者那里，她获取了很多理念。而上述核心问题就是她将获取到的理念与自己早期在文化伦理学校接受的思想教育糅合在一起而提出的。

在梅耶尔与我谈论五种思维习惯之前，她强调了两种独特的思考方式：怀疑论和共情。“我认为，你必须包容自己可能犯下的错误，或者包容任何可能错误的事。”她说，“我一直非常关心民主。如果你不能想象自己可能会做错事，那么到底什么是民主呢？另外，如果你不能想象其他人怎样与众不同地进行思考，或者为什么他们可以与众不同地思考，那么你怎么能忍受民主的存在呢？”

梅耶尔建立起的学校采用以问题为基础的教学方法，而学校中的各个班级也都不再采用传统的教学方法了，学生因此在班里有更多的自主权和自由。从 20 世纪 70 年代后期开始，弗利格采用了梅耶尔提出的“令人惊奇且丰富的教育规划”，其中包括“大量的绘图法；对 17 世纪哈莱姆区印第安人林地文化进行研究；学习埃及和罗马的历史；了解荷兰殖民时期的纽约；了解印刷技术和报纸的发展；研究新兴城市（包括对学校周边区域的小型研究），以及非裔美国人的历史，等等”。

一年级的学生想出“要搭建一座神秘城市的点子”，而研究中世纪社会的三年级学生“不仅需要阅读许多书，还要搭建城堡，制作盔甲”。教师则需要带领学生走进当地的博物馆，在中央公园研究自然现象。对此，梅耶尔认为：“在课堂之外，学生能更敏锐地观察事物，从而提出更多问题。”

梅耶尔还试着将幼儿园的教学经验延伸至学校的教学上。“教幼儿园的小孩子是一种有趣的智力体验，我在想，为什么我们不能继续这样教下去？”她对我说，在幼儿园，“我们能忍受小孩子提出各种与教学主题无关的问题吗？”

提问的力量

A More Beautiful Question

在梅耶尔学习怎样仔细倾听学生提出的问题的过程中，她发现学生通常具有非常深刻的见解。而这一发现促使她重新思考自己的设想以及课程的设置。“教师说：‘美国就在这幅世界地图的中间，能记住吗？’但其中一个学生看着地图却说：‘东印度群岛为什么会在地图的西侧？’他的这个问题让我开始想，如果你把某个事物放在中间会产生什么样的影响，而这个事物对其他事物又有什么样的意义？这样的思考逐渐变成了我们学校的课程的一部分，它对我们怎样看待自己有许多启示。”

毋庸置疑，学生慢慢喜欢上了梅耶尔的教学方法，但学生家长却没有。一些家长不知道非传统的课程应该由什么组成，也不知道孩子在哪些方面应该具有自主权，他们认为，梅耶尔创造的这种环境是鼓励孩子们不遵守纪律和规范。**然而，正如梅耶尔十几年后指出的那样，当你给孩子更多自由去追求他们感兴趣的事情时，他们通常会变得更易于被控制。**但这种想法却违反了许多教师和学校管理者的直觉。事实上，传统的教学方法是迫使孩子安静地坐上 5 个小时，集中注意力听一些他们根本不关心的信息。

家长的这些抱怨导致弗利格被学校监管人员送去接受调查。几年后，弗利格把这段经历记录了下来。他离开时候的画面让人难以忘却，他建议学校董事会支持梅耶尔以及其所做的事情。在接下来的几年内，许多所中央公园东方学校都取得了卓越成绩，而这些成绩便成了梅耶尔倡导的教学方法取得成功的有力证据。在接下来的 10 年里，梅耶尔的学校只有 1% 的学生没有完成中学教育，但整个纽约市的中学辍学率却在 40% ～ 60%。

梅耶尔不再管理中央公园东方学校后，她创办的学校仍然在继续努力实践她的理念，但效仿者很少。今天，世界各地有越来越多的学校开始拥护梅耶尔主张的教学原则：学生必须培养学习和提问的“习惯”，教师不能强行灌输知识给他们。但这些学校“在整个教育系统中仍只是沧海一粟”，作家尼克希尔·戈亚尔（Nikhil Goyal）如此说道，他曾写过一本有关教育现代化的书。

戈亚尔在一所高中读书，却逐渐开始研究多所高中。几年前，戈亚尔只有 16 岁，还是美国长岛高中低年级的学生，不愉快的校园学习经历令他感到挫败，由于想知道是否有更好的校园学习经历，他开始考察美国的其他学校。戈亚尔 17 岁时，我遇到了他，当时他的研究已经进行到了中期。自从他发现了“好问题”（Beautiful Question）这个网站后，便爱上了提问，还成为该网站的一名提问研究者。戈亚尔给我提供了很多帮助，尤其是他向我介绍了许多以提问为教学基础的学校的现状。

戈亚尔研究的学校包括加利福尼亚州的五金高中（Brightworks High School）和高科技高中（High Tech High School），也包括其他州的一些学校。这些学校有些是公立的，有些是私立的。他对芬兰一些教学效果卓著的学校的教学方法非常了解，还知道新加坡的学校也在进行改革。

戈亚尔在仔细研究这些学校的过程中，发现了一些令他激动的事情。比如，有些学校没有年级之分，没有考试，也不需要去死记硬背一些知识。然而，这一切在他的学校却是家常便饭。在这些学校，学生可以花几个月的时间钻研自己感兴趣的项目。戈亚尔说，在五金高中，"全部课程都围绕一些问题而展开"。这些以学生的兴趣或以提问为基础的学校最令人称赞的一点便是让学生提出自我反省类问题，比如：我到底对什么感兴趣？"而在这之前，没有人问过学生们这样的问题。"戈亚尔说。

许多学校都践行以提问为基础的教学模式，但这些学校都是新建立的，因此，我们还不能判断出它们是否会成功，或者是否会培养出做事富有成效的学生。但是，我们应该知道的是，它们实行的一些核心原则在蒙台梭利学校（Montessori Schools）也能找到迹象，比如重视让学生探索；让学生自主学习；允许学生从事感兴趣的项目来代替考试等。长久以来，蒙台梭利学校一直在记录毕业生的成功故事。①

那么，蒙台梭利学校记录的究竟是什么？蒙台梭利学校只招收八年级学生，今天，从这所私立学校走出来的许多学生都创办了大型科技公司，而这些毕业生被人们称为"蒙台梭利黑手党"（Montessori Mafia），其中包括维基百科的创始人吉米·威尔士（Jimmy Wales）、亚马逊的杰夫·贝佐斯、谷歌联合创始人谢尔盖·布林（Sergey Brin）和拉里·佩奇（Larry Page）。

谷歌前主管、现为雅虎首席执行官的玛丽莎·梅耶尔（Marissa

① 想详细了解蒙台梭利学校的教育理念，请阅读夏洛特·普桑所著的《蒙台梭利教育精华》，这本书的中文简体字版已由湛庐策划，浙江人民出版社 2020 年出版。——编者注

Mayer）说过，在蒙台梭利学校的教育经历对布林和佩奇产生了重要的影响。按照梅耶尔的话说：“除非你了解他们都曾就读于蒙台梭利学校，否则你就难以理解谷歌是一家什么样的公司。他们经常会问，为什么谷歌应该是那样的？他们早就形成这样的思维习惯了。”

蒙台梭利学校是一所私立学校，学费昂贵，但教学方法别具特色。其他一些以提问为教学基础的学校也与蒙台梭利学校的模式差不多，但一些公立的学校却很少如此。“我们能谈论的事情不足整个学校的 1%。”戈亚尔如是说。

在绝大部分学校，有些教师希望能激励学生独自探寻更多的知识，学生们也必定会因此出现一定程度上的反抗行为。比如，他们可能会在课堂上脱离讲稿进行演讲，有时还要对标准化的课本和教学材料进行矫正。作为纽约的一位高中数学教师，丹·梅耶尔（Dan Meyer）在一次成功的 TEDx 活动中谈到，他鼓励学生提出自己的问题，并提供一定程度的指导，同时他也鼓励学生明确地表达自己面临的问题。

梅耶尔指出：“在一堂课上，我们提出：‘装满一个水箱需要多长时间？’的问题。”从这种典型的课堂设计中，学生们就可以发现有关提问的很多秘诀，也能在寻找问题的答案的过程中了解到许多信息。梅耶尔决定：“不指导孩子们具体怎样去做，这样他们就必须自己去解决问题。我们无须告诉他们什么事情是重要的，他们需要自己决定什么是重要的。”

起初，梅耶尔把教学材料中的很多内容都删掉了，只呈现给学生们非常少的材料，这样学生们就不得不提出更多问题，并围绕其进行思考。随后，梅耶尔想出了更好的办法：他向学生们展示往水箱里注水的视频，但是注水的速度却出奇的慢，让人非常着急。于是，学生们开始“看手表或开始四处乱看。他们当时都在想‘老兄，水箱到底多久才会被装满啊’，这时你就知道‘鱼’已经上钩了”。梅耶尔说。

A More Beautiful Question

提问练习

为什么无论什么电影，票价都一样？

康奈尔大学商学院的罗伯特·弗兰克教授（Robert H. Frank）表示，通过解决现实生活中的问题，具有挑战精神的学生就可以掌握抽象概念。因此，弗兰克让他的学生“基于亲身经历或亲眼所见提出一个有趣的问题，然后使用基本的经济学原理去解答这个问题”。①弗兰克的学生彼得·赫拉维奇卡（Peter Hlawitschka）对一个问题很好奇：“为什么受欢迎的百老汇歌舞剧的票价比不受欢迎的歌舞剧的票价更高，而电影院里无论什么电影，票价都一样？”最终，赫拉维奇卡找到了该问题的答案：流行电影与百老汇不同，电影复制版的制作成本很低，并且一天可以在多个电影屏幕上播放很多次。如果电影票价低，电影院经营者就可以安排更多的席位，获得更多的收益。在有限的设备条件下，如果他们设定更高的电影票价，那么获得的效益就要低于电影票价低时的收益。

争夺提问主导权

在播放视频的过程中，丹·梅耶尔让它播放得非常慢，并且还时不时地回播视频中的部分内容，他这样做其实是在等学生在自己的脑中形成问

① 从20世纪80年代开始，弗兰克就在康奈尔大学的课堂上通过与学生问答的方式，收集了一系列生活中的经济学问题。经过二十多年的收集和整理，终于成就了《牛奶可乐经济学》。这本书的中文简体字版已由湛庐策划，中国人民大学出版社2017年出版。——编者注

题。他不提出问题，而是让学生按照自己的方式来思考问题，于是他想提出的问题可能就变成了学生们自己想提的问题了。

有两个理由可以说明这一点很重要。丹·梅耶尔知道，如果学生自己考虑一个问题，这可能要比其他人向他提出问题更加有趣。另外，“谁可以在课堂上提问”这个话题涉及提问的目的、权利、控制权甚至是种族和社会等级等。

丹尼·帕尔默·沃尔夫（Dennie Palmer Wolf）是美国布朗大学的教育学教授。在撰写学术论文《发问的艺术》（*The Art of Questioning*）的过程中，她考察了提问在学校里扮演的角色。她发现，教师倾向于在课堂上“垄断提问的权利”。而学生就只能在教师的这种“特权”下分享问题。沃尔夫通过其研究结果证明，提问是“少数人的私人禁地”，其中“少数人”包括聪明的人、男性和说英语的人等。另外，沃尔夫还发现，教师通常会以各种问题来评估学生的情况，而不是用这些问题来激发学生的兴趣。因此，他们提出的一些问题会让学生感觉自己“暴露出了弱点”而非“受到启发”。

约翰·希利·布朗指出，某些教师很容易会将学生的提问视作威胁。“如果你认为教师拥有权威，那么他们就可以打断学生的提问，因为有些问题可能会暴露出他们的无知。”

德博拉·梅耶尔认为，想控制学生和维持秩序的欲望也不一定只有教师才有。在与梅耶尔的一次交谈中，我提到了今天的商业文化，提到了商业文化中提倡“打破常规”和进行“另类思考”的信息，这样的文化似乎信奉“独立思考”理念，看起来与十几年前梅耶尔在哈莱姆区的中小学中试图贯彻的理念是一样的。我向梅耶尔表示，目前商业社会中形成的理念已经与她的思想相当吻合了。比如，我们渴求创新，所以如今更愿意容忍质疑，甚至可能教人们怎样提问，但她却仍对我说的话持怀疑态度。

梅耶尔认为，以前人们都希望某些人能对他们提出问题，而如今人们仍然如此希望。她说：“是的，我们需要一个硅谷，但我们真的只需要3亿个独立思考的人吗？”

当梅耶尔开始在城区的学校教书时，她发现，那些家庭收入较低的孩子“被家长再三告诫，不要在学校提问”。梅耶尔对此感到很不理解，并且她认为这种情况很难转变。在大多数情况下，家长可能并非故意不让孩子提问。同时，梅耶尔还发现，处于教学压力之下的教师讲课时需要运用大量教学材料，尤其在那些资金不足且学生拥挤的城区学校任职的教师更是如此。因为要想管理好学生较多的大课堂就必然会面临艰巨的挑战——他们不仅要维持课堂秩序，还要按要求“完成讲课任务”，所以他们就不允许学生提问。

A More Beautiful Question 提问练习

火焰是什么？

这似乎是一个简单的问题，但你知道答案吗？当演员艾伦·艾尔达（Alan Alda）还只是个孩子时，他就一直沉迷于这个问题。大约70年后，艾尔达在纽约州立大学石溪分校（Stony Brook University）开办了艾伦·艾尔达科学交流中心（Alan Alda Center for Communicating Science）。该中心最开始以组织竞赛的方式来发现谁能回答清楚“火焰是什么”这个问题。在这些竞赛中，9～12岁的孩子将充当裁判。800多位科学家或科学迷接受了这项挑战。最终，竞赛的获胜者是物理学家本杰明·埃姆斯（Benjamin Ames），他只做了一个7分钟的动画音乐视频来解释氧原子、碳原子、氢原子、炽热和氧化作用

(用乐高玩具来代表原子)。你可能会说，对于“怎样让孩子对科学感兴趣”这个好问题，艾尔达和埃姆斯给出了答案。而艾尔达接下来将挑战的问题是：何谓时间？

除此之外，另一种微妙的力量可能也会在暗中阻挠学生们提问。比如，鉴于文化压力，学生们可能会自我审查他们提出的问题。纽约大学的乔舒亚·阿伦森（Joshua Aronson）一直在研究少数家庭收入较低的学生所面临的困难，比如，暂停招收非裔美国男孩而造成学校学生男女比例失调的问题。而阿伦森也在研究十分有趣的“刻板印象威胁”（stereotype threat）。该研究主要针对刻板的心理状态，尤其关注“当人们面对外界对他们的种族有消极刻板的印象，或对其性别有这种刻板印象时，他们是怎样回应的”。阿伦森对黑皮肤、拉美裔的女大学生进行了标准化的测试，研究结果表明，当一个人察觉到自己成为所谓“刻板印象”（比如，不擅长数学的女孩子）的目标时，这种心理意识就会对她 / 他在学校的表现产生不利影响。

那些不愿意接受刻板印象的学生不想在课堂上提问，而这会让其他学生认为“他们对某些事物一无所知”吗？“绝对会，”阿伦森说，“恐惧是好奇心的敌人。不幸的是，如果你正满怀恐惧，那么你可能会因为在意别人的眼光而感到压力。”这种压力会导致学生们假装对某些事物已经了解了或者假装不在乎。阿伦森说，“你总是倾向于保护自己”，而不想冒被人误解的风险。

孩子在学校是否会提问，父母无疑对此也会起到一定的作用。最近，印第安纳大学社会学家杰茜卡·麦克罗里·卡拉尔科（Jessica McCrory Calarco）针对四年级和五年级的学生进行了一项研究。结果发现，家庭收入较高的学生被父母鼓励在学校提问的可能性更大。然而，家庭收入一般的孩子却被父母要求应更顺从权威，他们的父母还鼓励他们要自己想事情，而非寻求帮助。卡拉尔科的报告称："有些来自中产阶级家庭的较为腼腆的孩子已经学会了以提问来接近教师，他们不会因此感到不自在，并且也能意识到这样做的好处。而工人阶级家庭的孩子则会担心自己在错误的时间或以错误的方式向教师寻求帮助，由此惹他们生气。"卡拉尔科发现，这些差异直接源于"孩子从父母那里学到的东西"。

德博拉·梅耶尔对这些研究结果非常恼怒。"这项研究的结果让人感觉这些家庭收入较低的孩子的父母是错误的，但他们并没有错。"梅耶尔说，"他们知道，他们的孩子如果在学校提问，可能就会因此陷入麻烦，所以他们告诫孩子在学校要小心一些。"梅耶尔指出，中产阶级家庭的孩子的处境却截然不同，"他们上学时感到很安全"。而也正因为他们感到安全，所以他们不认为举手提问是有风险的。对他们来说，那是一件自然而然的事。

"安全的"中产阶级家庭的学生受到父母的鼓励而在学校提问，他们可能也会发现，典型的课堂氛围不会激发学生的好奇心，也不会鼓励提问。我采访过一位"善于提问的人"，他是一个 15 岁的高中生，名叫杰克·安德拉卡（Jack Andraka）。通过不断探究，他发明了一种"测癌试纸"，这种试纸简单有效，成本低廉。（我会在第 4 章详细讲述安德拉卡利用提问来解决难题的故事。）我很好奇，像安德拉卡这样偏爱提问的人在学校是不是也会问很多问题？

安德拉卡说，父母会教他怎样提问。他告诉我：**"我的父母会问我很多问题，还会引导我向他们提问。但在我提出问题后，他们却从不回答，反而会让我通过实验或个人经验去探索问题，并做出一种假设。"**

安德拉卡的学校位于美国马里兰州，他认为，自己的学校是一所"普通的公立高中"。他说："学校并没有让学生问很多问题，也没有给他们充分的自由去探索问题的答案。教师会告诉你做什么，然后你就去做，你真的会由于详细的指导而受到限制。在我看来，这不是最好的学习方式。”

我问安德拉卡，他的同学是否会提出很多问题。他答道：“在我的高中，要想让别人认为你很‘酷’，你不仅要非常安静地坐在角落里，还要在与朋友交谈的过程中不时地偷笑。对我来说，这样做非常无聊。而我要么极其安静地想其他事情，比如努力寻找一种测试胰腺癌的新方式，要么就会回答每一个问题。但我从来不问‘接下来会发生什么’这样的问题。我会自己来做所有事情，我做的一切探索都是在学校外面。因为学校不允许学生独自探索知识，学校在这一点上真的做得很糟糕。”

如果像安德拉卡这样的天生提问者都不在学校提问，那就反映出一个根本性的问题。正确问题研究所的丹·罗斯坦和鲁兹·桑塔纳表示，现在教育所面临的这些状况已经不是什么秘密了，即便在最顶尖的学校，教师仍旧掌握提问的主导权。罗斯坦说：“在课堂教学中，教师会用到很多问题，但大多时候他们只以一种方式来运用这些问题——鼓励学生使用他们已经规定好的问题，所以这些问题往往并不是由学生提出的。”罗斯坦表示，通过这种方法，教师“在不经意间就充当了提问主宰者的角色，因为比学生懂得更多，所以他们理所应当认为自己是有资格提问的人”。

经过 20 年有关于提问的研究和教学经验的积累，罗斯坦和桑塔纳希望，他们开办了 3 年的正确问题研究所能够通过让孩子掌管提问主导权而将课堂上的权利变得均衡。

不懂正确发问，必遭到忽略

当波士顿一所高中的教师林 - 西·皮特（Ling-Se Peet）在她的人文课

堂上第一次使用正确问题研究所的“问题形成技巧”（Question Formulation Technique）时，她给25名学生提出了一个具有挑衅意味的假设：酷刑可能是合乎情理的。

用罗斯坦和桑塔纳的话来说，这种开放性的陈述被称为“Q焦点”（Q-focus），因为它旨在通过提供一个焦点来激发学生提出问题。皮特的班级被分成了几个小组，每个小组的首要任务是：在有限的时间内，尽可能多地想出与这种假设有关的问题。

> 每个小组要写下想出的每个问题，既不要围绕问题进行讨论，也不要试图回答问题，只需要认真想出更多问题即可。浏览完规则后，每组学生开始从各种不同的角度来探讨这个假设。“你怎样定义酷刑？”“什么时候使用酷刑？”还有的问题虽然有些奇怪但仍能激发兴趣，比如“酷刑能让你感到快乐吗”。其他问题则扩大了讨论的范围，比如“酷刑与司法有关系吗”“谁最有可能遭受酷刑”。

学生们以前从来都没有做过这种类型的提问练习，但按照皮特的话来说，在预先设定了一些规则后，每个小组内的学生就开始不停地提出问题。之后，学生们进入练习的第二个阶段，在教师的指引下，将开放式问题变成了封闭式问题，然后再反过来。比如“为什么酷刑是有效的？”这种开放式问题可能会转换成这样的封闭式问题：“酷刑有效吗？”按照罗斯坦的说法，这一阶段练习的目的是为了证明在某些情况下一个问题既可以变窄，也可以扩展成其他问题。皮特说，当学生这样做时，他们就会逐渐发现“不同的提问方式不仅能产生不同的结果，还能将你引向不同的方向”。

接下来，学生们要将自己提出的问题按优先次序排好，确定出3个能推动讨论继续下去的好问题。罗斯坦和桑塔纳都强调，在提问的过程中“收敛”的重要性，认为只鼓励学生们不受限制地抛出问题是不够的，他们还必须学会怎样分析自己的问题，并将注意力集中于那些他们希望进一步探讨的问题上。

学生们提出的有些问题进入了最终阶段，其中包括：“为什么酷刑会有效？”“谁来决定酷刑是否正当？”“他人的疼痛能平复你的私欲吗？”

罗斯坦在这一阶段发现，有些孩子“看起来已经筋疲力尽”了。他承认，这个过程是很困难的，因为“它要求孩子们做从未做过的事情——用问题来思考”。在尝试在课堂上使用正确问题研究所的“问题形成技巧”的几个班级中，学生的课堂高参与度是有目共睹的。在一定程度上，这很可能是因为罗斯坦和桑塔纳很巧妙地设计了这项练习的规则。这些规则包括：只允许提问；任何原本不是问题的评述也必须转化成一个问题。这些规则让整个过程变得有趣起来。或许，这些问题本身就能吸引很多孩子，并让他们在课堂上参与其中。由于不必特意为了知道答案而去提问，所以聪明的孩子并不占优势，因为很多时候他们只是知道更多的答案。罗斯坦认为，学生们较高的课堂参与度也与其他因素有关，比如他们对思考自己提出的问题很感兴趣。罗斯坦说：“在这个过程中，问题的‘所有权’非常重要。**孩子们说：‘当你自己提出一个问题时，就会感觉到找答案是自己的职责。’**”

在过去几年，罗斯坦和桑塔纳不断完善他们开发出的这套提问程序。起初，这套程序并未在学校被使用，它最初被设计出来的目的是帮助成年人在与政府官员、医生、房东和学校官员打交道时更高效地使用提问技能。

桑塔纳明白，那些不知道怎样提出正确问题的人更容易在某些事上遭

到他人的拒绝，她对此深有体会。桑塔纳在 20 多岁时从波多黎各移居到美国大陆地区，享受完最初的福利之后，她在工厂找到了一份工作。她说："后来，我失业了。当我想通过社会服务系统申请参加职业培训项目时，我被拒绝了。"

至于她为什么会被拒绝，桑塔纳解释说，那是因为自己不知道怎样恰当地发问。她说："我不知道怎样表达自己的主张。"桑塔纳是幸运的，因为在她被拒绝后，一名社会工作者介入其中帮助她维护了权益。这名社会工作者表示，桑塔纳其实是这个项目非常合格的人选。最终，桑塔纳参加了这个培训项目，得到了一份工作，同时她还回到学校继续接受教育，并最终获得了硕士学位。但她永远不会忘记这次经历"送"给她的教训，她坚信不占优势的人需要有效地表达出自己的想法。于是，在结束社会服务工作之后，她成为美国马萨诸塞州劳伦斯市（Lawrence）的一名房产律师。

提问饥荒，"没问题"是因为不知怎么问

在工作的过程中，桑塔纳遇见了罗斯坦，一个与她的学术背景不同但兴趣相投的人。罗斯坦在肯塔基州长大，在哈佛大学读书，并获得了教育学博士学位。在哈佛大学时，他对这些问题非常感兴趣：人们可能会考虑什么样的社会问题？政策制定者会从那些受到这些社会问题影响的人们身上了解到什么信息？

因为罗斯坦对城市政策工作有着深厚的兴趣，所以他成了劳伦斯市社区规划项目的其中一名负责人，并在推进项目的过程中遇到了正在收集城市住房问题的桑塔纳。在一次项目相关会议上，当会议接近尾声时，坐在会议室角落里的桑塔纳举手询问劳伦斯市是否对城市住房有足够的资金投入，以及受住房问题影响的人们有没有参与到规划项目中来。罗斯坦回忆

称："我也认为，这是此次会议要解决的最大问题。"

随后，罗斯坦寻求桑塔纳的帮助，希望能在劳伦斯市开展一项计划，旨在预防高中生辍学。在开展这项计划的过程中，他们意识到存在着这样一个障碍：尽管学生家长毫无疑问既应该更多地参与到孩子的教育中来，也应该参与到制定对他们的孩子产生影响的学校政策中来，但许多家长从来没有出席过学校的会议。

对此，罗斯坦和桑塔纳自然而然地提出了为什么。"那些学生家长告诉我们，他们之所以没有到会议现场是因为自己根本不知道该提什么问题。"罗斯坦回忆道。

面对这样的情况，罗斯坦和桑塔纳感到很尴尬。他们开始："如果我们能找到一种帮学生家长在学校会议中提出好问题的方法，那会怎样？"虽然提出了"如果"类的问题，但当他们在"怎样"阶段时却走了弯路。罗斯坦和桑塔纳几乎考虑到了帮助学生家长在学校会议上提出好问题的最有效的方式——替他们收集可供在会议上提出的问题。因此他们两人开始收集各种不同情况下的问题，这些情况包括：质疑学校的预算政策；质疑为什么有些孩子会被停课，等等。最终，他们把这些问题告诉了学生家长。

桑塔纳回忆说："我们参加了其中一个会议，这些学生家长将这些问题列出来，他们走上台来到麦克风前，开始读清单上的问题。但是，当学校的管理人员开始提问时，他们就把头转向我们，好像在问：'我现在该做什么？'"桑塔纳说，她和罗斯坦很快就察觉到他们犯了错误。"我们意识到，学生家长应该按照自己的方式去思考，并想出自己真正关心的问题。"

为了让学生家长能做到这一点，罗斯坦和桑塔纳开始辅导他们，还教他们该怎样质询学校的决策，因为这对他们尤为重要。如果想更好地提问，学生家长就要探索决策背后的原因，以及导致这些决策产生的过程，还应该明白自己在这个过程中扮演着怎样的角色。

随着罗斯坦和桑塔纳的辅导计划不断推进，有些学生家长发现了令他们颇为惊讶的事情——在学校会议之外，他们也可以用到这样的提问技巧。比如，他们会用提问技巧来试图从急诊室医生那里获取信息，或者用于与房东和解。

由于效果良好，罗斯坦和桑塔纳开始扩展提问教学流程，并试着在各种各样的情况下应用这个流程。于是，他们开始与美国国内的健康诊所、社会服务机构和成人教育项目等进行合作。他们发现，美国新墨西哥州的移民学生的家长、住在美国路易斯维尔市的收容所的人，以及那些住在夏威夷的甘蔗种植工人都使用了他们的提问技巧。于是，罗斯坦和桑塔纳成立了一家非营利性组织，该组织在 2011 年被命名为“正确问题研究所”。

伴随着罗斯坦和桑塔纳的提问技巧慢慢融入成人教育项目中，一些有趣的事也随之发生。成人教育教师们称，一些掌握了提问技巧的成年学生向他们提问：“为什么我在高中时没有学到这种技巧？”于是，罗斯坦和桑塔纳又提出了另一个“如果”类的问题：如果我们把培训成年人使用的“问题形成计划”（question-formulation program）调整成适合学龄孩子的计划，那会怎样？

随后，罗斯坦和桑塔纳为 K12 教师设计出一个计划，并将它分解成以下的一系列步骤：

- 教师设计出一个焦点问题。比如，“酷刑可能是合乎情理的”。

- 学生提出一系列问题。不能从教师那里获得帮助；不能回答或讨论这些问题；把每个问题都写下来；将所有的评述都转变成问题。
- 学生修改他们提出的问题。把问题变成开放式的或封闭式的。
- 学生把问题按优先次序进行排列。他们通常会在教师的指引下确定出 3 个他们想要进一步探讨的问题。
- 学生和教师共同决定接下来要探讨的问题，先解决排在前面的问题。
- 学生回忆他们从整个过程中学到了什么。

整个流程被设计得非常简单，教师在一个小时之内就可以完全掌握，学生也能很快地掌握要领。然而，要让这个流程变得简单却是非常困难的，这样一个基本方案花费了罗斯坦和桑塔纳 10 年的时间。

正确问题研究所的提问技巧赢得了教师们的广泛赞誉。波士顿一所高中的教师马西・奥斯博格（Marcy Ostberg）注意到，当她的学生开始用问题来思考时，“他们似乎开启了思维的大门”。罗斯坦说，来参加正确问题研究所会议的教师络绎不绝，“在参加完会议并掌握了提问技巧后，这些教师就会拍着自己的脑袋说：‘我们怎么之前从未这样做呢？’”

20 多年前，社会批评家尼尔・波兹曼（Neil Postman）就曾问过类似的问题。那时，波兹曼还写过关于“提问在教育中的重要性”的文章，也提出了自己的疑问：“人们具备的最重要的智力技能不是在学校里学到的，这难道不令人好奇吗？”

在罗斯坦接受一家报纸采访时，记者问他：“为什么我们不能成功地教学生学会提问？是不是因为我们认为提问不需要教？或者我们不知道怎样教学生学会提问？”

罗斯坦说："我对此的回答是'的确如此'。"对于第一种理由，罗斯坦说，人们一直认为，提问很简单，就像"说话的一部分"一样，是人们与生俱来就会做的事情。包括德博拉·梅耶尔在内的许多人都认为，孩子生来就是提问者，所以我们不需要教他们提问，只要不阻止他们提问即可。但罗斯坦却坚持认为，提问是一种非常微妙且复杂的技巧，其中包括三种复杂的思考方式：发散的、聚敛的和元认知的。虽然其中有一些思考方式是孩子自然而然就会的，但也有一些思考方式是他们必须去学习和不断练习才能掌握的。因为人的提问能力似乎在 5 岁左右就会开始下降。而长期以来，我们与生俱来的提问能力一直被初高中学校所忽视。当孩子从小学升入初中后，被罗斯坦称作"提问肌肉"（question-asking muscle）的东西就会萎缩，需要被重新加强。

任何事物都是可以被质疑的

当孩子从小学升入初中后，如果他们的提问肌肉已经萎缩，那么猜想一下，在他们进入大学时，提问肌肉会处于什么状况。事实上，在整个大学时期，学生的提问次数继续垂直跌落。我采访的许多大学教授都证实了这一情况，他们表示，大学生处于提问饥荒状态，即便在汇聚了众多精英学生的常春藤联盟中也是如此。

克里斯坦森教授说："在哈佛大学商学院，我已经执教 20 年了。我爱这个地方，但是学生们往往不像 20 年前的学生那样靠本能提问了，他们的好奇心也没有那时的学生那样强烈了。"至于原因，克里斯坦森说："在成长的过程中，如果你所做的只是在电脑屏幕上阅读学习资料，或是到提供答案的学校上学，那么你的提问能力就难以提高了。他们不知道怎样提问是因为从来没有人要求他们去提问。"

A More Beautiful Question

提问练习

家长怎样让孩子成为更好的提问者?

在研究“提问精英”的过程中，赫尔·葛瑞格森会询问这些人的童年经历。他发现，这些人中的大多数“在生活中至少会有一个成年人鼓励他们提出发人深省的问题”。诺贝尔奖得主、科学家伊西多·艾萨克·拉比（Isidor Isaac Rabi）就属于其中之一。当还是孩子的拉比从学校回到家时：“其他孩子的妈妈都问自己的孩子：‘今天学到了什么吗？’我的妈妈则会说：‘你今天有没有问一个好问题？’”克莱顿·克里斯坦森认为，孩子的父母通过提出“如果”问题能培养孩子的好奇心。“假设性的问题可以让孩子深入地思考他们周围的世界。”而克里斯坦森也认为，鼓励孩子用实践的方式来解决问题也是很重要的，比如做家务杂事。这种方法对美国 IDEO 公司的联合创始人戴维·凯利（David Kelley）也是很奏效的。他是一个问题解决型设计师，正是童年时期的经历促使他走上了这样的职业道路。那时，如果家里的洗衣机坏了，他就会去做一个新零件来维修洗衣机。

威廉·德莱塞维茨（William Deresiewicz）是一位非常受欢迎的作家，他执教于耶鲁大学。对于记者问罗斯坦的问题，他列举了另一个原因：“学生现在接受的大学教育，尤其在精英体系中，是倾向于‘技术统治论’（technocratic）的。他们接受的教育是要在专业领域内掌握专业知识，要解决专属于这个领域的难题。在某种意义上，这种教育体系要求学生百依百顺，掌握考试内容。而在这种体系中，学生没有时间退后一步思考他们正在做什么，以及他们为什么做这些事。我所看到的是，这些学生很难提出关于价值观、意义和目的等一些属于宏观层面的问题。但是，我们真正需要做的是，鼓励这些孩子（未来的领袖）学会怎样提出宏观层面的问题，而不仅仅只是提出技术层面的问题。”

德莱塞维茨表示，有些教授可以启发学生掌握这种提问能力，但是这类人却非常少。他举了一个自己最为欣赏的教授为例，那位教授也是他的良师益友，德莱塞维茨在其著作中也曾具体地描述过此人。德莱塞维茨说：“他拥有年轻人那种用清澈双眼看世界的能力，而他额前不断冒出的白发印证了自己所经历的颠簸的探索之旅。”我问德莱塞维茨，这位教授在激发学生的提问能力上都做了什么？

“他具有给事物重新下定义的能力，也具有提出根本性问题的能力，即便有时他提出的问题似乎很愚蠢。**有一种观点是，‘圣愚’提出的问题是别人不会提出的，而这就是他要做的事。”德莱塞维茨说道。在这个过程中，这位教授“向我们展示，任何事物都是可以被质疑的，尤其那些我们认为已经了解了的事物更需要我们更多地去质疑”。**

重要的是，这位教授也“愿意提出没有答案的问题”。教师一直被我们认为是注重答案的权威人士。但学生发现，如果一位教师说：“我不知道这个问题的答案，所以让我们一起来找到答案吧”，那么学生就会感到自己的思维被真正地释放了。

这位教授使用的是“苏格拉底式教学法”，这种教学方法有可能在网络世界里东山再起吗？而这正是塞巴斯蒂安·特龙所希望的。特龙因开发出了谷歌的自动驾驶汽车及取得了其他技术突破而闻名。特龙说，在德国，每当他提出具有颠覆性的问题时，都会觉得不舒服，但他却在硅谷找到了一个更乐于接受颠覆性的问题的环境。在谷歌工作时，他也在斯坦福大学任教。2011 年，特龙与别人共同教授的一门人工智能课程开放了在线课堂，他惊奇地发现，有成千上万的用户注册了在线课堂并观看了该课程。随即，他从自动驾驶汽车领域跳到了自主学习领域，启动了优达学城项目，吸引了人们的关注，也引发了各种评论。近几年，这类项目的数量在大幅增加。而特龙正努力做的一件有趣的事是，在优达学城在线教育中引入“苏格拉底式教学法”。

优达学城的课程除了提供讲课录像，还在关键地方添加了引人深思的提问环节，让学生思考他们正在学习的内容。至于在鼓励学生提出他们自己的问题上，特龙和他的合伙人之一、谷歌前设计师艾琳·奥（Irene Au）强调，在线上提问比在线下更容易，因为网络匿名性会对你有很大帮助。你不必再坐在演讲厅后排，也不需要再担心别人的眼光，而羞于大声提出问题。有一位大学教授最近注意到，当他开始进行在线教学时，收到了学生们发来的很多问题，而这种情况从未有过。

德莱塞维茨却对在线教育这种方式持怀疑态度。他认为，向计算机输入一个问题和在现实中向一位活生生的教授提出问题之间存在着巨大的差别。他也认为，在某种程度上，在线大学这种新的教育方式可能会促使大学解散，让学生脱离真实的课堂和教师，但这只是在线教育革命的第一步。而学生和一位博学的教师之间那种协作性的和不可预见性的意见交换是无法代替的。德莱塞维茨总结说:“你不能对苏格拉底的发明加以改良。”

无论在线课程提供的是一种答案还是课程本身，它都是自主学习这个大趋势中的一部分。在这种趋势中，不管什么年龄的人都逐渐开始了自主学习，提升自己的提问能力，而很多时候他们是在现有学习体系之外进行自我提升的。

尼克希尔·戈亚尔认为，未来通过提问进行学习的模式会出现于网络上，而不是实体学校中，但也可能会在一些“临时课堂”上出现，比如“创客”和“黑客”构建的一些空间。戈亚尔说：“在很大程度上，我对学校会发生根本性的改变不抱有任何希望。”

约翰·希利·布朗持有与戈亚尔类似的观点：“这些从学校退学的孩子或者那些注意到在学校之外才能真正学到东西的孩子，便成为正在大量兴起的‘创客运动’（maker movements）的一部分。”无论是低科技还是高科技，创客运动旨在创建新事物，其中包括创作艺术和音乐。但创客运动却是靠项目和互助式学习来驱动的。当一个团队中的初级“创客”质疑经验丰富的“创客”时，创客运动就发生了。创客运动可以发生在地下室，也可以发生在操场和博物馆，比如旧金山科学博物馆最近就建立了一个创客空间。另外，最令人惊讶的是，创客运动居然也能发生在图书馆。布朗说：“图书馆当然可以被改造成有趣的创客空间，而图书管理员就是提问式学习的教师。”

布朗相信，年轻人在课堂之外可以比在课堂上将新经济形势下所需的技能“打磨”得更好。他们正在掌握创造、实验、建造、质疑和学习的能力。因此，在一个以指数级速度变化的世界里，“拥有这些技能的孩子们就能走向世界的顶端”。

提问的力量

A More Beautiful Question

在某种意义上，我们都是“创客”，或者至少能很好地用这种视角来审视自己。无论是否曾经在学校学到提问技能，我们现在都能凭借自己的能力在自己的空间中提高提问能力。而获得提问能力的一种方式就是观察，观察其他经验丰富的提问者是如何提问的，尤其要注意观察他们如何利用基本的“为什么”“如果”和“怎样”等类的问题来解决难题，以及如何利用这些问题来创造改变。

提问清单

A More Beautiful Question

1. 为什么孩子们会问出这么多的问题？
2. 为什么我们提问的次数会急剧减少？
3. 学校能基于问题来进行教学吗？
4. 谁有权利在课堂上提问题？
5. 如果提问能力与生俱来，那么为什么我们还需要学习？
6. 我们能自学质疑吗？

A MORE BEAUTIFUL

QUESTION

第二部分

三步提出一个好问题

A MORE BEAUTIFUL

QUESTION

The Power of Inquiry to
Spark Breakthrough Ideas

QUESTION QUESTION QUESTIO

03

第一步：理解问题，从一个问题引发“5 个为什么”

最初的“为什么”+一系列“如果”+不断尝试“怎样”

埃德温·兰德（Edwin Land）是一位非常有才气的发明家，他甚至可以被形容成像史蒂夫·乔布斯一样的人。兰德可以发现那些即将到来的新机遇，而那些机遇是其他人难以想象的。不过，在 1943 年一个明媚的冬日，兰德却没能察觉到即将改变他的人生的机遇。而正是一个 3 岁儿童提出的问题让他恍然大悟，于是这个问题就成为他未来关注的焦点。

当时，兰德正在美国新墨西哥州的圣菲市与家人度假。他用自己最喜爱的相机给小女儿珍妮弗拍照。那个时候，这些照片只有在暗室或处理实验室才能被冲洗。兰德知道该怎样操作。年幼的珍妮弗拍了一张非常与众不同的照片，她急着要赶快见到照片。于是，她问自己的父亲，为什么他们必须等很久才能看到刚才拍的照片？

对于女儿提出的问题，兰德不知该怎样更好地回答。于是，他把这个问题作为一个挑战，一个“她给我设置的难题”。

多年后，兰德在一次演讲中回忆道："高原空气很危险，却能令人精力充沛，当受到高原空气的刺激后，我开始思考：为什么不能立刻看到拍的照片？为什么不能设计出一张能即时成像的照片？"

兰德到了35岁左右，已经习惯于处理大问题了。这个两次从哈佛大学中途辍学的学生将其兴趣完全投入光偏振领域，最终成就了一番事业。他将能过滤光线和减少刺眼强光的技术用于制作太阳镜和照片滤镜。兰德还有更大的野心，他希望能用这项技术来拯救生命。他想："如果我们通过偏振式头灯和挡风玻璃就能减少车祸，那会怎样？"

20世纪30年代至20世纪40年代初期，兰德一直在想，怎样利用偏振使汽车的头灯发光时不会让对向的司机觉得晃眼，同时还能保证车灯正常照明。但是，兰德的这一想法没能获得汽车制造商的支持。1943年，他的公司宝丽来的发展开始逐渐减速，亟须创新。

回到珍妮弗的问题上，兰德花了两个小时来考虑她的问题，之后基于珍妮弗最初的"为什么"问题提出了一系列"如果"的问题。他面临的根本性挑战可能是："如果能通过某种方式将暗室放进相机里，那会怎样？"

按照《永不褪色的时光》这本书的作者克里斯托弗·博纳诺斯（Christopher Bonanos）的说法，兰德明白，"不能把许多化学品散放在一部相机里"，因为那些化学品会在相机里来回晃动。但是，"如果把这些化学品装进一个小皮套里，然后以某种方式让它们在底片上分散开来，那会怎样"？这是兰德解决的一系列问题中的一个，而这些问题是他在极度兴奋的两小时散步中想出来的。他想知道："怎样打印出一张正片？怎样在相机里配置底片图像和正面相片纸？"

在提出这些问题和解答部分问题的过程中，兰德丝毫没有浪费时间，问题一直在他的脑海中打转。在将问题转化为行动的过程中，他和一位同事先为制作即时成像相机制订了详细的计划。接着，他迅速制作出了原型机，几个月后，他就给自己拍了第一张测试照片。尽管这期间充满了障碍和挫折，但兰德的团队必须努力制造出第一台黑白即时成像相机，因为兰德承诺4年后将新产品投入市场。

4年后，兰德仍未完全解答出他自己提出的问题。一开始，他对这款产品的期望很高，但在1948年那次引人注目的产品发布会后，他能够投入市场的产品却未能完全实现他的设想。兰德仍需努力克服一系列问题，比如“怎样才能让彩色相片也能即时成像”“为什么相机不能用起来更简便”。30年过去了，他最终用自己的杰作——SX-70型相机回答了这些问题，这款相机采用单按钮模式，可以更快地打印出彩色照片。

不断地探索女儿提出的好问题的答案，这段旅程可能是漫长的，也很费力，而兰德已经整装待发。1942年12月，就在珍妮弗提出那个问题以及兰德受此问题启发之前，他曾对宝丽来的员工说：“如果你的梦想是做一些你认为值得去做的事情，那就开始行动吧……如果你反复细致地思考下一步必须做什么，那么它就永远只是一个精彩的梦想。虽然梦想离你还很遥远，在我们实现梦想之前有5 000步要走，并且我们还要先迈出最初的10步，然后再继续迈出20步，但如果你能快速地完成这5 000步，将是非常令人吃惊的。”

宝丽来的故事非常受创新者和提问者的喜爱，我们喜欢这样的故事，这是因为故事中包含大量关于提问的动力的趣事。首先它证明，一个能改变游戏规则的问题可以出自任何人，甚至是一个天真的孩子。**这就强调了本书曾提出的一个要点——非专家或“门外汉”通常比专家更善于提问。没有人会认为专家的知识不够丰富，但一旦碰到需要质疑的情况时，知识**

就会挡住提问的去路。

其次，宝丽来的故事也完美阐释了一点，即某种具有催化作用的问题可以触发有序的提问过程。这种“为什么—如果—怎样”的提问过程在宝丽来的故事中体现得非常明显，并且在许多有关创新的故事中也都有所体现。

在珍妮弗的问题的激发下，兰德发现现实世界确实不太理想。于是，他的世界观逐渐开始转变，并且他很快提出问题：为什么相机必须是这样的？而这就使得大量“如果”类的假设性问题迎面而来，兰德解决了许多小问题，目的就是解决一个大问题：“如果能通过某种方式将暗室放进相机里，那会怎样？”博纳诺斯指出，兰德知道的每件事似乎都能汇聚到一起。比如，兰德在他从事的与化学、光学和工程学等相关的工作中积累了许多零碎的知识，于是他就把上述想法和这些知识联结起来。但如果兰德没有最终进入“怎样”阶段，那么他所有的连接性提问就不会产生任何结果。这个“怎样”阶段包括：首先，他将想法写在纸上，获取该想法的反馈；其次，开始创造内置了暗室的相机版本；最后，测试这些早期版本，如果失败的话，那就矫正再测试。

我坚信，兰德从未想过他制作宝丽来即时成像相机的过程可以被分为“为什么”“如果”“怎样”三个阶段。**而这三个阶段的逻辑顺序能反映出人们着手处理问题和解决问题的方式——从发觉和了解难题开始，接着思考可能的解决方案，然后努力实施这些解决方案。**

在解决问题过程中的每一个阶段，人们都要面临许多不同类型的问题和挑战，而这就要求人们在处理不同的问题时，要注意变换自己的思维方式。有时，专业知识对你很有帮助，但有时它却未必有用。比如，在某一个阶段，完全开放的、无拘无束的发散性思维非常关键；而在另一个阶段，聚敛性思维就显得尤为重要。通过用结构化的方式来思考问题和解决问题，我们就可以提醒自己应当转换思维方式、改变方法以及根据所处阶段来调整问题。

假设“如果”阶段是关于想象力的，“怎样”阶段是关于执行力的，那么最初的“为什么”阶段就与洞察力和理解力有关。这一阶段的“发现”看似简单，好像只需要睁开双眼环顾四周就可以了，对吧？但是兰德却没有发现摆在他眼前的难题，最开始只有珍妮弗发现了这个问题。而这就给那些希望变得更善于提出“为什么”问题的人提供了两个建议。**第一个建议是，你虽然能打点日常生活中的所有事务，但仍然需要有一个充满好奇心和童真的三四岁孩子与你为伴，他能发现你错过的东西。第二个建议是，你可以尝试调整自己看待世界的方式，这样一来你的视角就能与这个充满好奇心的孩子的视角更加接近。**第二个建议实施起来绝对不简单，你需要花些力气才能以全新的视角去发现生活。

如果你想提出强有力的“为什么”问题，那么仅仅调整视角是远远不够的，你还必须按照以下这个流程来做出改变：

- 退一步。
- 注意其他人错过了什么。
- 挑战假设（包括针对我们自身的假设）。
- 通过情景分析，深入理解现有的解决方案或面临的难题。
- 质疑你正在提出的问题。
- 深入探究一个具体问题。

你会发现，这个看似简单的流程是以“退一步”开始的。

停下来，退一步思考

当我们谈论提问时，通常都会提到“退一步”。比如，退一步问为什么，退一步考虑，等等。但我们要从哪里退一步呢？

当重要的“为什么”问题在兰德的脑海中浮现时，他正在度假，这一点很重要。正因为从日复一日忙碌的工作中抽出身来，兰德才有了闲暇，并能相对远离实际的商业问题，进而去思考一个非常不切实际的问题。同时，女儿提出的问题激发了兰德的好奇心，让他可以暂时以天真的视角来考虑现实问题。由此可见，与众不同的退后方式很重要，兰德可以在度假时让自己暂时抛开原本的设想和专业知识。他停下来，不再学习更多知识，转而开始去提问。

为了更好地提问，尤其是提出根本性的“为什么”问题，我们不必非要像兰德那样去度假，也不必非要找一个 3 岁儿童陪伴左右。但我们至少需要暂时停止正在做的事情，停止了解新事物，以便能够开始提问。

让自己不再去做某件事比控制自己不去了解某件事要容易得多。世界在快节奏运转，我们需要跟上世界前进的步伐，所以我们需要“完成”各种事情，谁还有时间去问“为什么”？

在工作场所更是如此。如果想在一个商业会议中成为不受欢迎的人，那么你可以问：“我们为什么要这么做？”虽然你问的问题可能是合情合理的，但大家却可能会懒得理你。不过，一个厚脸皮的门外汉有时却想要尝试一下。乔治·路易斯（George Lois）是著名的杂志封面设计师，也是一位广告大师。[①] 他还由于其颠覆商业会议的能力而著称，这不仅是因为他在论证自己的想法时充满激情，而且是因为他通常都是唯一一个在会议中积极地问为什么的人。但企业主管们可不欣赏他的做法，他们只是希望按照某种公认的明智方案来行事。路易斯回忆称，当所有人都点头表示同意时，“我将是唯一举手说‘等一下，你想做的这件事没有任何意义，你为什么要以这种方式来做这件事’的家伙”。

会议室里的其他人认为路易斯影响了会议的进程，让会议节奏变慢了。但路易斯自己明白，会议成员已经惯于按照固有行为行事了，比如他们提出的可供参考的想法或方法与在以往类似情况下的意见没有差别，他们根本就没有质疑这种方法在新情况下是不是最好的想法或最正确的方法。事实上，企业高管们需要一个像路易斯这样的人对他们提出挑战，要求其“退一步”。路易斯的自我意识很健全，也很强烈，他能够承受在会议室中成为孤独的提问者的压力。

人们往往承受着不懈奋斗的压力，在这个过程中，他们不太情愿“退一步”去质疑自己的奋斗是否有价值。这不仅仅是一种商业现象，也是生活中常见的一种现象。随着人们的日常生活变得越来越拥挤不堪，充满各种任务、活动、娱乐和干扰，“退一步去质疑”是不可能在人们的日程表上获得一席之地的。这就意味着，有一些最重要的基本问题可能从未被提出过，比如为什么我们会沉浸于生活中的所有活动？

格雷琴·鲁宾是《幸福计划》一书的作者，她说，人们越来越不容易找出时间来“退一步并提出一个宏观问题。比如‘我想从生活中获得什么’这样的问题”。鲁宾表示，很长一段时间来，她自己同样也陷入了日复一

---

① 想要更多地了解路易斯的广告创意故事，请阅读《蔚蓝诡计》。这本书的中文简体字版已由湛庐策划，华文出版社 2010 年出版。——编者注

日的循环中。“我把注意力全部集中于日常的工作安排，甚至没有花一丁点儿的时间去思考自己是否真的幸福，或者怎样才能更幸福。”正如前文提到的，一次雨天乘坐公共汽车的经历促使鲁宾的“退一步”时刻到来。当时，一切都慢了下来，慢到允许她进行反思：“为什么我不幸福？如果我打算为解决这个问题做点什么，那会怎样？”

由此可见，提出“为什么”这类问题的第一个原则，或许是必须有间歇，有空间。比如，会议中断时，“不懈奋斗”中的一次休憩，公交车上凝视窗外的安静时刻，等等。通常，这些都是可以进行提问的时刻。

A More Beautiful Question 提问练习

为什么要付费与海豚一起游泳?

从日常工作中退一步有时就能使你进行反思和深层次的提问，这可能会使你产生深刻的见解，而这些见解则可能会让你的职业生涯甚至是所在行业发生改变。科技公司甲骨文的高级副总裁马克·贝尼奥夫（Marc Benioff）的经历就说明了这一点。长期以来，他经常从自己的工作中挣脱出来，以便能进行纯粹的思考。有一次，贝尼奥夫前往印度和夏威夷旅行。在夏威夷，他告诉《创新者的处方》一书[1]的作者克莱顿·克里斯坦森，他在太平洋和海豚一起游泳。在游泳时，他想到了一个问题：为什么所有企业的软件应用都与亚马逊和 eBay 的类似？对这个问题的思考促使贝尼奥夫成立了 Salesforce 网站，该网站可以利用互联网彻底改变商业软件程序的设计和分配。在 8 年的时间里，贝尼奥夫的 Salesforce 网站公司公司创造了 10 亿美元的销售额，当然这要归功于他“改变了整个软件行业”。

① 在《创新者的处方》一书中，作者探讨了颠覆式创新如何改变医疗的话题。这本书的中文简体字版已由湛庐策划，中国人民大学出版社 2015 年出版。——编者注

如果想要问为什么我们需要从正在做的事情中退一步思考，就意味着我们也需要从“自己了解的事情”中退一步思考。无论是在生活还是工作中，当我们掌握了一些自己领域内的必备技能后，往往会误以为自己变成了这个领域的专家。这样的自我认知会阻碍我们的好奇心，也会减少我们接纳新思想和新的可能性的机会。尤其糟糕的是，实际上我们对那些自认为擅长的事情其实并没有想象中的那么了解。

罗伯特·伯顿（Robert Burton）是一位神经学家，也是《人类思维中最致命的错误》① 一书的作者。他主张，我们普遍都陷入了一个思维困境：我们总是了解得多、做得少。很多年来，伯顿一直纠结于这个问题：“‘确信’究竟意味着什么？”

通过大量研究，伯顿推断出：认知感觉仅仅是一种感觉或心理触动。然而，这种感觉非常强烈，甚至可能已经产生了一种“能够确诊的流行病”：许多人都高估了自己的知识水平，对他们的“直觉”过于自信——无论走到哪里都确信自己知道更多的答案，但却很少采取实际行动。如果有这种感觉，那么你就不可能提出问题。

不太关注周围的世界也已经成了我们的习惯。神经学家发现，我们的大脑像电路一样可以快速分类、过滤甚至忽略掉每时每刻都会涌来的大量刺激因素。美国国际开发署是聚焦于社会问题的政府机关，其首席创新官莫拉·欧内尔（Maura O’Neill）对上述现象做出了很恰当的阐述。欧内尔写道：“我们的大脑已经进化到一定程度了，它可以过滤掉我们看到的大量信息，快速将剩下的信息分类，并通过类似于‘杜威十进制系统’（Dewey Decimal system）的方法，将这些信息进行归档，使其长存于我们的记忆中。”

---

① 从神经学角度认识自己，可以阅读《人类思维中最致命的错误》，这本书已由湛庐策划，中国人民大学出版社 2010 年出版。——编者注

正如欧内尔指出的，人们这种普遍行为的产生是有现实理由的。过去，我们的祖先需要快速确定正在靠近他们的东西是友好的还是危险的。而今天，在信息爆炸的时代，我们更关心怎样对各种信息进行分类，从而挑选出新信息和重要的信息。因此，我们仍旧需要像我们的祖先那样能够瞬间做出判断。在判断的过程中，我们会注意某条信息，忽略其他信息，因为那些信息与我们无关，或者我们对它们不感兴趣，又或者我们已经了解那些信息了。

提问的力量

A More Beautiful Question

对“已经了解”的事情做判断的前提是我们已经历过这些事情了。如欧内尔所说：“我们看到、听到、触碰到或嗅到的细节越多，我们脑中形成的联结就越多。”我们经常以为自己掌握的知识是正确的，获取的经验也是正确的。

当然，在大多数情况下，这种做法是很有效的。但当我们希望摆脱这种自以为是的想法，去考虑新的想法和可能性时，暂时抛开自己已经了解的事情才有可能打破惯性思维、扩展现有的知识。你必须富有冒险精神和谦逊精神，才能像意志坚定的提问者，如保罗·贝内特（Paul Bennett）那样，到达“一无所知”的境界。

为“愚蠢”问题创造安全氛围

贝内特长期担任创新公司 IDEO 的创意总监。他生于英国，在新加坡长大，最初负责管理 IDEO 在伦敦的办公室，之后帮助公司在亚洲开设分公司。他喜欢环球旅行，在此过程中，他不断地观察着世界，也开始思考一些问题，比如“为什么中国某些地方的人会把干鱼挂在绳子上，而且还与湿衣服晾在一起”。贝内特有一个名叫“好奇心游历记”（The Curiosity

Chronicles）的博客，他在自己的一篇博文中分享了自己的见闻和提出的一些问题。

贝内特说：“在 IDEO，我把自己无情地置于“白痴”的角色。“白痴”不是一个贬义词，而是褒义词。**因为，坦承自己的无知是有能力进行提问的第一步。**”

贝内特说，由于从不担心自己的白痴，因此他能提出一些“令人难以置信的天真问题”，而这些问题就像一个白痴在没有自我意识的情况下自然而然提出的一样。比如，在冰岛爆发金融危机期间，贝内特受邀在冰岛的议会上发表演讲，他说：“我问了诸如‘钱在哪儿’这样的愚蠢问题，那不是因为我故意想表现得很无礼，而是因为似乎没有人能针对这个最基本的问题提供一个直截了当的答案。”

贝内特表示，提出天真问题的部分价值，在于它能够促使人们简单地解释事情。于是，在面对其他复杂的问题时，人们也会试图更清晰地做出回答了。“如果我只是不停地说：‘我不明白，你能再告诉我一次为什么吗？’这就会促使人们对问题进行综合考虑，并简化答案——剔除那些与答案的核心内容无关的解释。”

贝内特说，有时他的天真会促使其他人“退一步”思考，让他们用非惯常的思维方式来重新思考，而这种方式可能会令人不舒服。比如，在一些地区，商界和政府中呆板的等级结构就会在一定程度上制约提问。“在这些文化中，人们有时会欢迎外来者提出最基本的问题，因为他们自己也可能对某些事情感到奇怪，但是不愿意提问，这是由于他们担心别人会由此认为他们既愚蠢又不尊重他人，而他们不愿意面对这种指责。”

贝内特表示，IDEO 认识到，创造一种让人提出“愚蠢”问题的安全

氛围很重要。“你需要营造一种能促使人们产生信任感的文化氛围。因为部分提问的内容是关于揭露弱点的，所以允许提问就相当于允许大家发现弱点。”在IDEO公司，你可以提出任何问题，即便是特别基础的问题也没关系。这家公司鼓励员工提出问题，甚至根据其他员工提出的问题再提出问题，而非随意打发员工或者是给他们提供早有准备的答案。贝内特说：“我们允许员工落后，也鼓励他们超越彼此。”

用禅者的初心接纳更多可能性

在硅谷，IDEO和其他创新驱动型公司并不按照常规方式行事，它们鼓励员工进行天真的提问。**因为这些公司从自己的创业历程中发现，提问可以让人产生有价值的见解，而这样的见解又会带来突破性创意和成功的产品**。在硅谷，每个人似乎都在刻不容缓地追问“接下来会出现什么”。所以，硅谷不可能是一个让人减慢速度、退一步，接着提出基本问题的地方。但是，在科技领域，一些非凡人物已经开始引入这种放缓和退一步的方法。比如，史蒂夫·乔布斯就曾将与此类似的理念注入苹果公司。乔布斯是禅宗思想的拥护者和践行者，而禅宗思想则以“初心”（shoshin或beginner’s mind）而著称。

遵照禅宗思想，乔布斯下决心要重新设想和构建将科技融入人们日常生活的方式。这就要求他提出基础性的问题。人们都知道，乔布斯是一个顽强的提问者，从市场状况到员工的想法，每件事他都要提问。他的许多员工都被他刨根问底地询问过。乔布斯挑战传统思想的工具之一便是一种古老的思想，这种思想在20世纪60年代由日本一位名叫铃木俊隆的禅宗大师传入北加利福尼亚州。铃木俊隆是《禅者的初心》一书的作者，他移民到北加利福尼亚州，并在那里教书，直到1971年去世。

铃木俊隆在他的书里写道：“初学者的心是空的，因为他们不受‘专家’这个头衔的束缚。”他还补充道，他们不仅能借由这样的精神“接纳所有的可能性”，还“能看到事物的本来面貌”。

铃木俊隆也强调：对于一个希望成为创新者的人来说，拥有这种思考方式是非常有价值的。**“初学者的精神世界存在很多可能性，但在专家的精神世界中，可能性却很少。”**

除了苹果公司以外，初学者的心态连同其他禅宗思想，比如“深度思维”“留心”“倾听”和“提问”等都渐渐地被硅谷的其他公司所吸收。莱斯·凯（Les Kaye）是禅宗修道院（Zen abbot）的院长，他的“观音禅修中心”（Kannon Do Zen Meditation Center）坐落于美国加利福尼亚州的山景城，距离谷歌公司很近。莱斯·凯的追随者里有来自谷歌公司和苹果公司的员工，也有来自各种科技新创公司的企业家，以及给这些新创公司提供资金的风险投资家。莱斯·凯意识到，他的追随者可能认为，“提问万事万物”的禅宗思维方式能促使新思想和创新的诞生，所以他们被这样的理念激发出积极性。对此，一本书中提出了“禅创新”（Zennovation）一词，用来描述禅宗原则和创新战略的结合。

莱斯·凯也指出：“人们认为‘如果进行禅宗修行，我将会更加具有创造力’这是错的，禅宗不是一粒神奇的药丸。”此外，莱斯·凯的观音禅修中心将“没有斗争”作为一条禅宗原则，而贪求物质收益和商业成功则被认为是不适当的。我对莱斯·凯说，乔布斯似乎成功地运用了“初心”来预想怎样设计出新产品，同时他也“力争”获得更多的市场份额。对此，曾和乔布斯在同一所禅宗中心修行的莱斯·凯评论道：“乔布斯与禅宗有着不同寻常的关系。他发现了禅宗艺术的一面，而不是佛学的一面——那是艺术层面上的而非心灵层面上的。”

乔布斯也表明，为了实现目标，你可能既是一个提问者，又是一个征服者。无论是否选择走向“完全的禅”（full zen），你的确可以从“初心”中汲取实用经验。兰迪·科米萨（Randy Komisar）是硅谷著名的风险投资公司凯鹏华盈的合伙人，也是一个禅宗修行者。用科米萨的话来说，采用禅宗的观察方式和提问方式的关键就是努力达到“超然”的境界，而这就需要你从日常的想法、受到的干扰、预想、习惯性行为中解脱出来。“基本上，你需要以旁观者的身份来观察自己。”科米萨坚持认为，如果你能达到这种与日常思维隔离的境界，你的思维就会变得更加“灵活和流畅”，“你也就会发现自己能更好地提问一切事物”。

TED 大会创始人理查德·索尔·沃尔曼说，当面对任何新的情况或新事物时，这种方式就会帮助他将自己的心视为“一个空水桶”。沃尔曼还说，你应该从提出最基本的问题开始，缓慢且有条不紊地填满这个水桶。

初心其实与孩子的心态非常类似，它并不像听起来那样令人不可思议。麻省理工学院媒体实验室的主管伊藤穰一总是会创造各种新鲜事物，从 Kindle 电子阅读器到可折叠的未来主义汽车，都出自他之手。伊藤穰一喜欢用“幼态持续”这个术语来描述成年人保持童真般精神的现象。他表示，人们可以训练自己用这样的方式来思考。

媒体实验室有一种“成人幼儿园”的氛围，而鼓励则成为实验室的一种常态。在实验室里，来自不同学科背景的人一起工作，这就意味着“我们经常考虑一个自己并不擅长的问题”，托德·麦克弗（Tod Machover）这样说道。他是一位顶级音乐作曲家，也是麻省理工学院的教授。在媒体实验室工作期间，他曾创作出颇受欢迎的互动音乐游戏《吉他英雄》（*Guitar Hero*）。**麦克弗说，那些突破性想法往往来自专业领域之外的人，因为这些新手“能够以新的视角来发现问题，忘掉这个领域中什么是容易**

做到的，什么又是不易做到的，并且不担心领域内其他人已经做出了什么样的创举”。

早已形成“严肃”习惯的成年人是否还能像孩子一样思考？对此，底特律大学的研究人员达雅·扎贝里娜（Darya Zabelina）和迈克尔·鲁宾逊（Michael Robinson）进行的一项研究表明，人们其实很容易就能“像孩子一样思考”，无须外界的刺激。

扎贝里娜注意到，在早期的研究中，幼儿在“创造力测试”中表现得很好，这是因为幼儿还没有受到任何拘束。于是，扎贝里娜和鲁宾逊以两组成年人为实验对象，让其中一组人把自己想象成“7 岁的孩子，享受了一天的校园时光”，而让另一组人按照成年人那样正常思考。当两组人员同样进行了“创造力测试”后，“把自己想象成 7 岁孩子”的一组人想出了更好、更新奇的想法，他们具有“更灵活、更自由的思想”。扎贝里娜相信：“思维是灵活的。当你把自己想象成一个孩子时，就可以充分打开思路。”而这一切就需要退一步思考。

“宛如初见”地进行观察

当我们退一步时，究竟看到了什么？本质上，我们看到的是与之前同样的景象。但是，当后退更大的距离时，进入视野的就是一个更大的画面。此时，我们不仅能看到事物发展变化的整体脉络，还可能会注意到之前认为没有关联的事物之间仿佛一瞬间具有了某种关联。这种发现会改变一切。退一步来重新检查那些你用同样的视角观察了许多年的事物，你可能就会突然发现，自己好像是第一次看见这个事物。

这样的经历，感觉上有一点像是“见所未见”（Vuja de）。似曾相识是指当你去一些从未去过的地方时会莫名其妙地觉得自己似乎曾经到过那里。与此相反，当你觉得某个事物很熟悉时，可能突然又会觉着它很陌生，这就是一种“见所未见”的感觉。斯坦福大学教授、作家罗伯特·萨顿（Robert Sutton）[①] 非常喜欢使用这个词。

提问的力量

A More Beautiful Question

萨顿指出，如果训练自己以一种“见所未见”的方式来观察周围的世界，那么我们就会发现一系列新的可能性——提出新的问题、追逐新思想、应对面临的挑战等，而这一切在过于熟悉的环境中往往是被伪装起来的。采用这种“见所未见”的视角，商业领袖和管理者更容易注意到自己原先运用了一些矛盾的和过时的方法，也会注意到潜在的机遇。某些致力于解决社会问题或私人问题的人可能会凭借这种视角有更多的发现，针对他看到的状况提出基础性问题。

要运用好这一视角并不容易，萨顿说：“因为用这种视角来观察事物就意味着要将那些通常被认为是消极的事物看作积极的，而将积极的事物看作消极的。这也就意味着要颠倒原因和结果，或者颠倒最重要的事和最不重要的事，还意味着不要仅凭着感觉游历人生。”

与“初心”一样，萨顿的“见所未见”理念已经在创新领域引起共鸣，IDEO公司也和许多公司一样吸收了这一理念。**IDEO公司的总经理汤姆·凯利（Tom Kelley）曾写道，“见所未见”提供了一种能力，可以让人们“发现那些一直存在但却被忽视的事物”。**

在IDEO公司甚至是萨顿谈论“见所未见”之前，这个术语曾被美国

① 想要更多地了解萨顿的观点，请阅读《论浑人》。这本书的中文简体字版已由湛庐策划，中国人民大学出版社2008年出版。——编者注

喜剧演员乔治·卡林（George Carlin）在脱口秀例行表演中提及过多次，不过当时只是简单地提到。在表演中，乔治·卡林的动作停顿了一下，好像刚刚有所顿悟了。然后，他对观众说，他刚才有了一种“见所未见”的感觉。他对此的解释是：“那是一种奇怪的感觉，总之是以前从未有过的感觉。”

乔治·卡林在 2008 年去世，他的女儿——喜剧演员、电台主持人凯莉·卡林（Kelly Carlin）也有了“见所未见”的感觉，她用这种方式来观察日常生活中的一切，就像目击了一些奇怪的和令人着迷的事情一样。她的父亲乔治·卡林曾用这种方式度过一生，也用这种方式找到灵感。**“当这份熟悉感在某种程度上慢慢让你觉得身处另一个世界时，你就能感觉到这个世界是新鲜的，这就好像你已经进入了大脑里一个完全不同的区域一样，”凯莉·卡林这样描述道，“此时就意味着你已经拥有了一种与众不同的视角。”**

乔治·卡林曾运用这种视角创造了一种具有观察意义的喜剧风格——用幽默的方式提出“为什么”的问题。凯莉·卡林说：“这种视角会帮助我们观察日常生活中的一切，比如篮球、狗和猫、人们站在冰箱前的方式等，并提出‘为什么我们必须按照做这些事情的方式来做这些事情’这一问题。”乔治·卡林曾经对我们认为是理所当然的日常行为习惯进行过研究，他尝试描绘出其中潜在的矛盾，总结出某种基本原理，但通常都一无所获。他想知道：当我们不断寻找自己已经丢了的钥匙时，为什么要始终在几个地方一遍又一遍地翻找？

凯莉·卡林主持广播系列节目《从美国梦中醒来》（*Waking from the American Dream*）。在节目中，她经常采访一些喜剧演员，她认为喜剧演员更可能具有一种“见所未见”的视角。凯莉·卡林说：“大多数喜剧演员的成长经历似乎都有助于他们形成自己别具一格的幽默感。他们是班上的小丑，是局外人，可能是某个学习能力不强且不能完成学业的人。作为局外人，他们自然会主动往后站来观察其他人，也自然会对每个人正在做的事情感到好奇。而这种观察方式最终就成为他们获得灵感的方式。”

乔治·卡林曾说，他经常不禁注意到某些非理性行为，那些行为没有任何意义。有时，他甚至希望自己不要注意到它们，因为这会使他焦虑不安。

与乔治·卡林不同，大多数人不太能注意到那些非理性行为。汤姆·凯利认为，这是因为我们一般不会花太多时间近距离观察某些事物。也就是说，当人们看不到眼前的事物时，通常是因为“他们观察的时间过短”。

达特茅斯学院的经济学教授维贾伊·戈文达拉杨（Vijay Govindarajan）和顾问斯里坎斯·斯里尼瓦斯（Srikanth Srinivas）设计了一个测试，这个测试可以很好地印证凯利所说的话。在戈文达拉杨和斯里尼瓦斯组织召开的研讨会中，他们向与会者简单地展示了图 3-1。

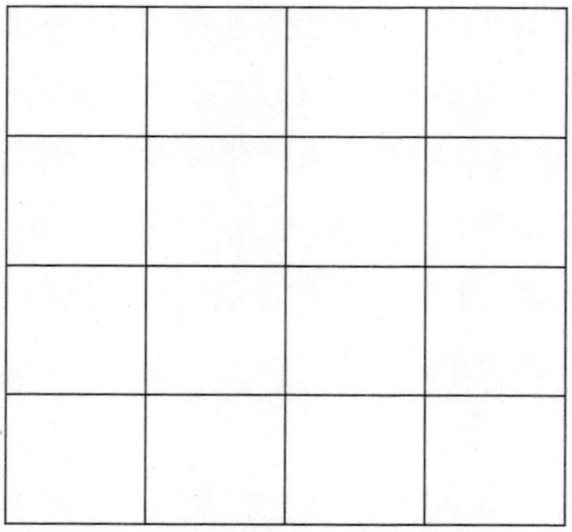

图 3-1 你看到了多少个正方形

之后，斯里尼瓦斯把这个图形盖住，问与会者：“你看到了多少个正方形？”

与会者最容易说出的答案是16个。但是，更善于观察的与会者会注意到，通过将16个正方形进行不同的组合还能找到额外的正方形，尤其是在斯里尼瓦斯允许他们多观察一段时间的情况下，他们看到的正方形就更多了。除了这16个显而易见的正方形之外，还有9个2×2的正方形，4个3×3的正方形，以及1个大的4×4的正方形，总共加起来有30个正方形。

“正方形是不变的，就在那里，但是除非你去找，否则你看不到它们。”戈文达拉杨和斯里尼瓦斯在《哈佛商业评论》的博客上发布了这个谜题后，写下了这句话。数百位读者回答了这个谜题，他们的答案从16个到60个都有，计算的方式远不止一种，而如果把所有的方式都算上，正方形的数量就是无限的。

斯里尼瓦斯告诉我，他利用这个测试证明了一点，即我们通常看不到可以利用的所有可能性，这其中的原因很简单——我们没有花足够的时间去探索。他说，这个测试尤其能让那些处于困境的人产生共鸣：“有时，人们会感觉走投无路，已经用完了所有选择。但我认为‘总是还有另一个正方形存在，另一个可能性存在，如果你一直持续不断地寻找，就能找到它’。”

伟大的提问者始终“保持观察”的状态，观察某种情况或某个难题、周围的路人以及自己的行为。他们会研究非常微小的细节，不仅寻找某些地方有什么，还要寻找自己错过了什么。另外，他们会退一步从旁观察事物，甚至还会根据需要从侧面来观察事物。在萨顿写的关于“见所未见”和怎样发现熟悉之感的文章中，他建议：“我们要将注意力从眼前的事物或模型上转移到其背后的事物上来。”

如此近距离地观察，对人们的耐心和毅力都有一定的要求。在看到最初的 16 个正方形后，我们要有意愿仍继续观察。而当你注意到第 30 个正方形时就已经证明，别人还未看到的机遇之窗正在向你打开。爱因斯坦谈到过他在干草堆中找到针的故事，而大多数人在干草堆这样的地方一般都不会继续寻找了。**他说，秘诀在于持续不断地寻找，努力搜寻一根更好的针。**

A More Beautiful Question 提问练习

为什么计算机不能做更多除计算以外的事情？

20 世纪 50 年代，科学家还不知道怎样将计算机用于数学运算之外的领域。康韦·伯纳斯-李（Conway Berners-Lee）是一位英国数学家，他需要运用早期的商业计算机进行工作。他曾着迷于这样一个问题——计算机除了进行数学计算，还能用来连接信息吗？之后，他的儿子——软件工程师蒂姆·伯纳斯-李（Tim Berners-Lee）又进一步完善了这个问题。蒂姆·伯纳斯-李沉浸于大量的研究数据，他想知道，是否存在一种方式能将初期的互联网与超文本链接结合起来，以便更好地找到信息和分享信息。1989 年，他提出了“全球超文本计划”（global hypertext project），即我们熟知的万维网。他的研究原型包括我们现在熟悉的网络浏览器、HTML、HTTP 和 URLs 的结构。

越是习以为常，越是值得推翻

2007 年秋季，乔·格比亚和布赖恩·切斯基的脑海中浮现了一个问题。这是一个非常重要的问题，但却不是一个好问题。格比亚回忆说：“用什么来支付租金？这是我们当时面临的一个主要问题。”他和室友切斯基没有工作，也没什么钱。但他们在旧金山的确有一套体面的公寓，有一个地方能够睡觉，为他们遮风挡雨。对许多人来说，这已经足够了。每年，都会有很多人来到旧金山参加商业会议。这个时候，旧金山所有的旅馆一般都早被预订满了，而此时来参会的人则极度渴望能有个地方歇脚。

格比亚和切斯基也曾经历过这种情况。他们认为，这种情况是不应该出现的，“我们为什么不能为这些人找到一个地方让他们睡一晚或两晚”？于是，最终他们提出了一个新的问题：“他们为什么不能在我们的家里睡觉？”

格比亚和切斯基有 3 个充气床垫。在会议期间，他们可以做一个简单且便宜的分类广告，把充气床垫以适中的价格出租出去。这样一来，他们就能有足够的钱来付当月租金。当他们开始继续思考这个想法时，他们便提出了各种类型的“如果”一类的问题，比如“如果我们不只是提供一张能让他们睡觉的充气床垫，那会怎样”。尽管没有足够的钱去提供更多服务，但他们给客人提供了一顿早餐（果酱馅饼）和观光旅游小贴士这样的服务。另外，格比亚和切斯基还在想：“如果我们不在克雷格列表网（Craigslist）上张贴广告，而是创建自己的网站，那会怎样？”

格比亚和切斯基做到了所有这一切。他们把 3 个充气床垫分别租给 3 个互不相识的人，而这 3 个人都很享受这种体验。格比亚说，在这个基础上，他们开始想另一个问题：“为什么不把这些事商业化？如果我们能在美国的主要城市创造出同样的体验，那会怎样？”

后来，这两位梦想家不顾一切地把脑中闪现的念头按照传统的方式实现了。最初，除了格比亚和切斯基外，没有人认为这是一个具有商业价值的想法，或者是值得投入的事情，被他们拉进来的第三方合作伙伴也持这种态度。保罗·格雷厄姆（Paul Graham）是硅谷著名的天使投资人，他掌管着创业孵化器公司 Y Combinator（简称 YC），他很确信：“没有人希望待在别人的床上”。[①]

最终，格比亚和切斯基的想法发展成为爱彼迎公司，不过他们仍然面临着挑战，那就是公司需要向外来的游客提供已经建成且声誉良好的旅馆。实际上，早在几年前，就已经有人注意到这些广受关注的问题了，比如许多人对汽车也有过类似的假想——人们可以买车，也可以租车，但却没有人提出切实可行的办法。之后，一位叫罗宾·蔡斯（Robin Chase）的企业家问，为什么没有切实可行的办法？于是，蔡斯创办了Zipcar公司。[②]

格比亚说，因为仔细考虑了他们提出的问题，所以他和切斯基相信，这是一个值得解决的问题。不过，他也怀疑他们是否真的发现了那种被别人忽视的问题。格比亚这样说：“我们知道来到旧金山需要地方歇脚的人处于什么状况，也知道我们租出去的空间是什么样的。因此，我们将这两方面结合起来考虑。此时，回顾以前的经历的确能起到作用，但那时没有其他人将这些情况都结合起来考虑。”

提问的力量

A More Beautiful Question

格比亚和切斯基有一种“反叛”的态度，与之相伴的则是一系列成功的提问。事实上，发现问题和质疑“为什么问题会存在”没有太大差别，想知道“是否还存在更好的选择”可能也不会带来什么变化。但即便专业人士说：“你不能改变现状，有些事情既然存在，就有其合理的原因”，但你仍坚持提出问题，那就是另外一回事了。

---

① 想要更多了解有关 YC 的故事，请阅读《YC 创业营》。这本书的中文简体字版已由湛庐策划，浙江人民出版社 2014 年出版。——编者注

② 想要更多了解蔡斯创办 Zipcar 的历程，请阅读《共享经济》。这本书的中文简体字版已由湛庐策划，浙江人民出版社 2015 年出版。——编者注

格比亚和切斯基提出的最初的问题便是，他们能否将首次取得成功的经验扩展成一门生意？然而，提出这个问题就必须面对一些阻力，只有在这个问题的基础上持续思考解决方案，才能克服阻力。另外，在这个过程中出现的每个新问题都会推动他们继续寻找解决方案。他们想知道：“如果我们将这种想法付诸行动，并在另一个城市检验它是否有效，那会怎样？”随着 2008 年在美国丹佛市（Denver）举行的民主党总统会议的召开，他们发现丹佛是最合适检验他们的想法的地方，因为会议期间会有许多人来到该城市，而此时当地旅馆必定不能满足那么多人的需求。但是，与会者和那些有空间出租的人怎样才能注意到爱彼迎？格比亚和切斯基负担不起广告费，因此他们必须制造新闻。他们知道，各种新闻频道都要对这次会议进行报道，不仅要报道拥挤的丹佛，还要报道旅馆全部满员的丹佛会处于怎样的状况。于是，他们将爱彼迎设计成一家解决丹佛拥挤问题的公司，让这样的公司进入新闻制作者的视野，最终爱彼迎出现在美国有线电视新闻网的新闻上。在丹佛发起的首次活动取得了成功，爱彼迎的网站上迎来了大量预订房间的人。

格比亚说，在意识到找对了模式之前，他们一直在提问，反复对自己提问，并不断对模式进行改善，为下一年做准备。而他们在利用自己的网站出租房间的同时也在提出一系列新问题，比如这种模式的什么方面比较好，什么方面还有待改进？在这个过程中，他们发现，一些租客在与公寓房东结算时会感觉很尴尬。格比亚回忆说：“这种感觉就像在整个体验过程中你都是放松的，也感觉这种体验很有意思，但到了付钱的时候就感觉不好了。”这种状况促使他们继续提问：如果能提供在线支付服务，那会怎样？同时，他们还注意到，网站的许多访客都在询问有关其他国家是否有类似出租服务，而这又引发他们去想一个大问题：“为什么我们要把这种业务限制在美国？如果在全球拓展我们的业务，那会怎样？”在不到两年的时间里，他们的业务就扩展到 100 多个国家，订单超过 100 万份。更令他们兴奋的是，他们获得了 1 亿美元的投资，甚至还赢取了早先怀疑他们是否能成功的人的信任，比如 YC 公司的格雷厄姆最终成为他们的种子基金投资者之一。

最近，格比亚和切斯基正在提出一系列全新的问题，比如创造一种“分享型经济”（sharing economy）是否可行？这个想法的核心其实是一个基础性的问题：为什么美国社会一直在购买那些不需要的东西？比如，你细想一下美国社会运用机械钻的平均功率就会发现，在它的生命周期内，它总共只被使用过 13 分钟，真是太浪费了！正如格比亚指出的，在如今的消费者时代，我们已经花了数十年去积累物质。“如果我们在接下来的几百年时间里去分享这些物质，那会怎样？而如果我们进入无所有权的时代，那又会怎样？”

无论爱彼迎是否能成功地将我们带入他们野心勃勃的“分享型经济”运动，这都是一个开放式问题，甚至比之前关于人们是否愿意分享房屋和床的问题更为开放。另外，这也是一个极具挑战性的假设类问题，一个关于美国经济怎样运转的问题。因为它会涉及“什么样的人愿意改变自己根深蒂固的行为”“分享是否能发展成为一种可行的商业模式”等问题。

格比亚和切斯基之所以能取得成功是因为他们渴望挑战假设类问题，并坚信每个事物都注定会发生变化，且不在乎持有传统观念的人怎样看待他们的行为。我认为，这种挑战假设的问题也属于“为什么”一类的问题，我们可以把这种问题看成是“挑战性问题”。而挑战者们对以下这些问题持有一种明确的态度：焦躁不安、反抗、质疑习俗和权威。

- 为什么我们应该满足于现状？
- 当你告诉我不能去做某事时，为什么我应该相信你？

指导哈佛大学学生开展创新项目的保罗·博蒂诺（Paul Bottino）指出，提出“挑战性问题”本来就会让人不舒服，因为“它会制造不和谐”的氛围。博蒂诺说，他指导的创新项目吸引了最聪明和最具创造力的大学生加入，但即使是这些学生也倾向于接受别人告诉他们的事，并非对此进行质疑。**博蒂诺的主要任务是教这些学生“理解听从别人告诉你的就意味着维持现状。而为了更好地质疑，你就必须有能力去打破常规，告诉自己‘这件事不必按照这种方式来做’”。**

这种做法与许多学校传授给学生的理念正好相反，比如学校会告诉学生，每个问题都有一个正确的答案，你最好接受这个答案并且记住它。当德博拉·梅耶尔建立中心公园东方学校来鼓励学生提问时，她培养学生养成的第一个“思维习惯”就是提问。“我们怎么才能知道什么是真的？”梅耶尔想让学生去质疑他们被传授以及被告知的一切。凯莉·卡林指出，自己的父亲乔治·卡林一生都在质疑权威，他给家长的建议是：“不要只教孩子怎样阅读，还要教他们去质疑自己读到的东西，教他们去质疑每件事。”

博蒂诺说，人们有一种惯性思维，认为应该接受“专家”的“答案”。**但他表示，要想坦然地质疑其他人提出的专业问题，唯一的方法就是反复提问，不断地提问。**在一些人们已经习以为常的事情上，提出“挑战性问题”就意味着你有可能被问到一些“反挑战性问题”，比如你凭什么认为自己了解的比专家还多？该问题的答案是，你没有比专家了解得更多，你知道得很少，但这有时反而是一件好事。

A More Beautiful Question 提问练习

为什么印度没有 911 急救服务？

为什么印度没有 911 急救服务？这就是沙菲·马瑟（Shaffi Mather）希望解决的问题。而他的解决方案最终使印度拥有了自己的健康应急服务。起初，马瑟能提供的服务只有一辆救护车和一个简单的电话号码“1298”，人们可以在危急时刻拨打这个电话叫救护车。但最困难的在于，大家应该为此支付多少费用？马瑟希望每个人都能享受这项服务，因此他设计出一个“按自己的能力支付的体系”(pay-what-you-can)，然而每个人都说自己穷。于是，他提出：“我们怎样才能获得那些需要支付更多钱的服务？”对此，他给出的答案是：“你想要得到的医疗服务越好，你需要支付的乘车费就越多。”通过获得睿智基金（Acumen Fund）的赞助，马瑟提供的服务最终扩大成亚洲最大的救护车公司，运送人数接近 200 万名。在这个过程中，马瑟一直在提问，偶尔也会失败。有一次，为了削减成本，他问：“如果救护车上的医生也搬运简易床，那会怎样？”他从这次教训中了解到，人们认为搬运简易床的医生一定不是好医生。

另一个常见的“反挑战性问题”类似于“好啊，天才，你怎么将这件事做得更好？”挑战者通常能预见到需要应对这种问题。这也可以启示我们：如果某个人打算挑战现状，那么他最好准备一些问题——备选的解决方案。即便不能提出“怎样”一类的问题，提出“为什么”和“如果”这两类的问题也是非常重要的。提出备选方案可能是一个漫长的过程，但这个过程也必须有一个起点，而这个起点通常就是对现状进行质疑。

“5 个为什么”方法

对已经被普遍接受的假设提出“挑战性问题”有益于你练习怎样进行提问。有时，你提出的“挑战性问题”就是引发自己思考的催化剂，不过这些问题本身也可能是有缺陷的。因为你提出的问题可能会和自己的偏见交织在一起。判断你提出的问题是否存在偏见的方式之一，就是对这些问题进行质疑。

神经学家罗伯特·伯顿曾写过有关“确定感流行病”（certainty epidemic）的一系列文章，这个词指的是一种普遍的现象，即人们实际提出的疑问比他们应该提出的疑问要少。伯顿说，即便当人们提出问题时，他们通常也会依赖自己不可靠的直觉和偏见。“你曾经历过与得知的任何事都会影响你的决定，同样也会影响你提出的问题。因此，在这种情况下，退一步问：‘为什么我会提出这个问题？’是非常有意义的。”伯顿还补充道：“每当你提出一个问题时，都应该去想‘这个问题的基本假设是什么？我还应该提出其他的问题吗？’”

一个人问自己“我为什么会问为什么”看似是一种循环的练习，但实际上没有什么效果，并且还会把自己搞晕。你可以考虑采用某种兼具实用性和建设性的方式来提升提问能力，帮助自己想出更深刻或信息量更大的问题。你要从简单的练习开始，比如先练习提出“5个为什么”问题，之后不断列举更多问题，又或者进行情景分析。通过这样的练习，我们就能提出涉猎更广、更具深度的问题，也就能发现那些与现实有关联的问题。

“5个为什么”的方法起源于日本，由丰田公司的创始人丰田佐吉（Sakichi Toyoda）提出。几十年来，丰田汽车公司把连续提问5个为什么当成一种查找制造过程中存在的根本性问题的测试工具。比如，当一个有瑕疵的汽车零部件出厂后，丰田汽车公司会问第一个为什么，这时会产生最明显的答案，比如装配线上的员工犯错了之后，通过问为什么他会犯错，根本性的原因可能就会慢慢浮出水面，比如员工培训不足。继续问为什么，丰田汽车公司可能会发现培训资金不足。接着问为什么会资金不足，问题也就转移到公司资金运用的优先权问题，比如钱应该被花在什么地方、公司需要解决的最重要的问题是什么。

在商界，人们逐渐认同通过提问来挖掘核心问题是很有价值的。而这种理念最近成了“精益创业”理念（Lean Startup）的一部分，精益创业理念是由作家、顾问埃里克·莱斯（Eric Ries）提出的，他是“5个为什么”方法的忠实拥护者。我问莱斯：“为什么‘5个为什么’方法这种简单的提问练习非常有效？”莱斯解释说：“这种方法是真正为攻克人类心理限制而设计的。”他的意思是，人们往往会为解答一个难题而去寻找最简单的、最显而易见的解释。在这个基础上，“我们就会倾向于把非常系统化的事情个性化”。责备装配线员工很容易，但对解决问题没有效果，考虑所有复杂的、相互影响的因素才能对解决问题有帮助。

“5个为什么”方法也可以用于商业之外的其他领域。IDEO公司就利用它解决了大量日常生活中的问题。该公司提供了以下例子，告诉我们这种方法怎样被应用于解决生活类的问题。

- 你为什么要做运动？
- 因为做运动能使我保持健康。
- 为什么做运动能使你保持健康？
- 因为做运动可以提高我的心率。
- 为什么提高心率很重要？
- 因为如果能提高心率，我就能燃烧更多的卡路里。
- 为什么你想燃烧更多的卡路里？
- 为了减肥。
- 你为什么要努力减肥？

- 因为大家普遍喜欢与身材适中的人打交道。

有人可能会问，为什么要止步于5个问题？这个“5”确实显得有些随意，在实际的练习中，你可能问完3个为什么就得到了重要的启示，但在其他时候，你可能需要问6个为什么才能获得新启示。不可否认，有时该方法也不总是有效。但是，如果不在恰当的时候停止问为什么，你可能就会被问题耗尽精力，这就像路易斯·C. K. 在他的喜剧《为什么？》（*Why*？）中，最后迷失在有关“为什么宇宙是这个样子”这一问题中一样。

许多时候，你反复地问为什么，竭尽全力去触及事物的本质，似乎的确是有价值的。好莱坞演员、作家斯蒂芬·托布罗斯基（Stephen Tobolowsky）就是用这种连续提问的方式来捕捉他扮演的每个人物的核心特质的。他说：“作为一名演员，我通常会采用3个层次的问题对自己所扮演的角色进行3次发问，才能得到一些有价值的、具体的信息。”

如果托布罗斯基正在扮演一名医生，起初他可能会问自己这个角色自身所具有的优势和劣势，随后他则会逐渐利用不同层次的提问，逐渐进入角色。“我会问自己，作为一名医生，我真正擅长的是什么，不擅长的是什么？接着，我会继续进行深层次地提问：我为什么想成为一名医生？”当谈到“5个为什么”方法时，托布罗斯基表示从未听说过，但他许多年来一直实践着自己的“3个为什么”方法，因为“3个为什么”方法对他来说很有效。

你还可以选择其他方式来探究问题，比如对这个问题进行解构，或者改变提问形式和范围。在麻省理工学院媒体实验室，托德·麦克弗教学生怎样在某种情况下扩展他们的问题，又怎样在其他情况下窄化这些问题。当你扩展了一个问题，让其更适用于更多人时，这个问题也就变得更重要了。比如，爱彼迎的创始人本可以将他们的问题限制在“我们能在旧金山建立一个住宿分享的在线系统吗”，但他们随即将这个问题扩展到：“这个想法能在全世界进行实践吗？”**另一方面，正如麦克弗指出的，当你想解决一个大问题时，你就需要把这个大问题分解成若干个、更具有可行性的小问题。**比如，“我们在全世界推行这种想法之前，怎样才能让这种想法在当地先转化为现实？”

正确问题研究所也一直在发展另一种对问题进行调整的方法，比如你可以将这个问题变成开放式问题或闭合式问题，从而改善原问题的提问效果。比如，假如有人正纠结于“为什么我的岳父这么难相处”这个问题。像大多数“为什么”“如果”和“怎样”等类的问题一样，这个问题是开放式的，因为它没有一个固定的答案。但当我们将这个问题转变成一个其答案是“是或否”的闭合式问题时，如“我的岳父难相处吗”你就要注意会发生什么了。

换一种表达方式，这个问题可能就会迫使提问者重新进行考虑——他最初提出的假设可能是不正确的，也可能是无效的。因为按照最初提出的问题假设来说，岳父的其他亲属和朋友或许都能与他顺利相处。因此，这就使我需要重新修订最初提出的问题，让它更精确，比如可以换成：“为什么我的岳父与我很难相处？”在研究中，正确问题研究所发现，无论是将问题转换成开放式的还是闭合式的，都能使提问更明确，改善提问的效果。

利用这样的方法，虽然你能围绕一个问题做大量的修补，但质疑一个问题的最好方式或许就是把它带到你的生活中，看看它假设的那种情况在现实中是否成立。通常，在一种情境下似乎是正确的问题，结果可能会被证明在另一种情境下是错误的。

A More Beautiful Question 提问练习

为什么急需水源的地方却很缺水？

地球上有接近 10 亿的人缺少享用安全水源的渠道，通过创建水资源组织的网站平台，工程师加里·怀特（Gary White）与演员马特·达蒙（Matt Damon）解决了这个问题。传统的方法通常是靠筹集慈善捐款来凿井，但“这些水利工程基本上最后都被弃用了”。看到这种方法不奏效，怀特和达蒙便提出：“为什么慈善项目没有成功地将水送达最需要水的地方？”答案是，补助金都流入了当地运营公共事业的中间商的口袋里，因此穷人仍必须多支付薪酬或走很远的距离才能找到水。最终，怀特和达蒙将精力集中于解决这个问题上：如果当地社区能开发出自己的水源，那会怎样？于是，他们创办了上文中的网站，想出了创新的“水信贷”模式（Water Credit）——为人们（多是妇女）提供小额贷款，然后他们就能开发或获得自己的水源了。到目前为止，该网站已经帮助世界上超过 100 万的人找到了水源。

发展中国家普遍缺少婴儿恒温箱。多年来，世界各类卫生组织和慈善团体都在思考：怎样才能将更多的恒温箱送到需要它们的地方？最直接的答案便是捐赠。虽然答案是正确的，但这个问题却是错误的。因为尽管发展中国家收到了捐赠来的成千上万的恒温箱，但正如《纽约时报》报道的那样，这些国家最终变成了“恒温箱墓地”。所以，这不单单是急缺恒温箱的问题，而且反映出另一个更大的问题。一项研究发现，在发展中国家，96% 的外国捐赠的医疗设备只被使用了非常短的时间后就遭到了遗弃。

最终，致力于解决该问题的卫生官员们提出了一个好问题：“为什么发展中国家不使用它们已有的恒温箱？”通过一项秘密调查，该官员发现，恒温箱很容易破碎，但发展中国家某些有恒温箱的地区却缺少维护恒温箱的零部件，而当地人很可能并不知道怎样正确维修恒温箱。找到问题的根源后，卫生官员们又重新提出了一个“如果”问题：“如果我们能提供容易维护和修理的恒温箱，那会怎样？”

乔纳森·罗斯（Jonathan Rosen）医生致力于自主创新，他对上述问题进行了研究，结果发现，许多缺少恒温箱的地区并不缺少汽车和汽车零部件。因此，关于恒温箱的问题最终变成了：怎样才能用汽车零部件制作恒温箱？最终，一个非营利性设计团队设计出了一种“汽车零部件恒温箱”，这种恒温箱既便宜又使用方便，任何具有维修技能的人都可以用废车场的零部件修理恒温箱。

提问的力量

A More Beautiful Question

在慈善界、商界、医学界和科学界，有许多类似“汽车零部件恒温箱”的故事。在这些故事中，人们提出的问题往往都是错的，这是由于这些问题是在信息不完全或假设错误的基础上提出的。之所以会这样，通常是因为提出问题的人严重偏离了他们真正想要解决的问题。克服这种情况的最佳方式之一就是，使提问者更了解自己想要解决的问题。

进行情景分析可以使我们更了解自己提出的问题，而这也依赖于我们通过观察、倾听和共情来提出更具智慧、更有效的问题。

先观察，别反复提考虑不周的问题

在商业领域，IDEO 公司一直是提问方面的开拓者。20 多年前，在这个设计公司刚成立时，其创始人和设计师戴维·凯利以及他的兄弟汤姆·凯利（Tom Kelley）就意识到，要想解决有关人体工程学的问题，比如“我们该怎样制作出一些能融入人体的小部件”公司就必须采用社会科学家在心理学和行为学领域才会用的提问方式。因此，公司聘请了一些心理学家和人类行为学专业的学生，让他们对人们的生活方式和日常行为进行研究。

IDEO 公司明白，为了更有效地开展工作，不能只在公司内部和焦点小组访谈中寻求建议。要想理解人们怎样生存下去，公司就必须融入人们的生活，观察他们在厨房里和去超市购物时的行为举止，等等。有时，公司聘请的研究人员也会不遗余力地亲身体验某些事。

有家医院的管理层曾雇用了 IDEO 公司，让他们帮助解答“我们的病人有什么样的体验？”这个问题。IDEO 公司给出的答案不是以时尚的 PPT 演示文稿为展示形式，而是展示了一段长视频，视频里只有死气沉沉的天花板。医院的高管们对此感到非常诧异。其实 IDEO 公司想强调的重点是，“当你整天躺在医院的床上时，你能做的所有事就是看着天花板，这是一种非常糟糕的体验。”IDEO 公司的保罗·贝内特如此说道。而 IDEO 公司之所以理解这种情况，是因为它的员工实际调查过这家医院，并体验过在轮床上被推着到处走，然后只能数小时躺在病床上的经历。这种“沉浸式”（immersive）的调查方法使得该公司解决问题时是从问题的内部入手，而非从问题的外部来观察内部。在理解了视频的意思后，这家医院很快就对每间病房的天花板进行了装饰。

你不需要组建一支经过培训的研究团队，就能做好情景分析，方法就是打开你的思路，带着好奇心主动近距离观察和聆听整个世界。而根据我对大量提问者的访谈分析结果，我发现聆听可能是最重要的。聆听会激发你去提问。贝内特表示，要成为一个好的提问者，一个关键因素就是，不再反复提出太多考虑不周的问题，同时要保持注意力集中。这样，一个真正有趣的问题才会“跳”入你的脑海。**睿智基金的杰奎琳·诺沃格拉茨（Jacqueline Novogratz）谈到，要“全身心地聆听”，利用所有感官全神贯注于你周围正在发生的事情。**她创办的非营利性组织致力于解决某些社会问题，而该组织会为此先花费大量时间去了解自己想提供帮助的乡村和社区。

要想进行情景分析，你就需要全身心地投入到正在探索的问题上。你可以在自己的卧室里、办公室里思考这个问题的答案，也可以在网上查找问题的答案，还可以走出门一边观察世界一边思考问题。正如诺沃格拉茨所说：“花时间与大家一起坐下来，当他们向你讲述自己的生活经历时要用心地聆听。”而当你决定进入自己想观察的环境时，就意味着你已经全身心地投入这个问题中了。在对问题追根究底之前，你需要思考：“为什么我的问题是这样的？如果它不是我的问题，那应该是谁的问题？”

斯里坎斯·斯里尼瓦斯曾让人们计算正方形的数量，也曾让人们寻找难以发现的机遇之窗。当我采访他时，他提出了一个有趣的问题。我们在讨论该怎样从提出一个问题寻求最初的突破点时，谈到了奈飞和宝丽来的故事。斯里尼瓦斯指出，这些提问者提出的问题都是最普通的问题——“为什么我必须支付滞纳金”“为什么照片不能即时成像”。这些问题其实可以被任何人提出来。之后，斯里尼瓦斯补充说：“大多数人可能也会提出这些问题，但他们并没有就此付诸行动。”因此，他提出的问题是：“为什么有些人会为解决问题而采取行动？”

这个问题没有答案。你可能会说，这可能与想象力和决心有关，也可能与绝望有关，比如菲利普斯就曾对他的假肢表露出绝望。但是，提到菲利普斯、宝丽来公司的创始人埃德温·兰德、奈飞的创始人里德·哈斯廷斯、爱彼迎公司的创始人乔·格比亚和布赖恩·切斯基以及这本书谈及的其他提问者时，这个问题的答案可能就更多了。虽然这些人面对的难题远超出他们自身的解决能力，但他们仍然选择去解决自己的难题，并且不断提出与这个难题有关的问题。

仅仅提出一个问题，还是不断探求这个问题，这两者之间存在着明显的差别，而这就与随意提出一个想法还是不断深化这个想法的差别是一样的。如果你选择后者，那么你提出的问题将可能成为一种“富有成效的强迫观念”（productive obsession），这一术语是由精神治疗师埃里克·梅塞尔（Eric Maisel）提出的。当你不断探求这个问题的答案时，你提出的问题就会浮出水面、沉下去，然后再浮出水面。而当这个问题根深蒂固地嵌入你的潜意识时，也就意味着它即将侵入你的梦想。接着，你将需要竭尽全力来与它对抗，因为它会与你一起走路，一起睡觉。而在提问的“如果”阶段，你做的这些事情最终都将被证明对提出问题的答案是有帮助的。

提问清单

A More Beautiful Question

1. 为什么退一步反而会帮助我们前进？
2. 当我们退一步时，究竟看到了什么？
3. 为什么我们必须“质疑这个问题”？

A MORE BEAUTIFUL

QUESTION

The Power of Inquiry to
Spark Breakthrough Ideas

QUESTION QUESTION QUESTION QUESTION

04

第二步：发现可能性，用“如果”点燃想象力

“如果”，将奇思妙想带入现实

在改变人们听音乐的方式之前，蒂姆·韦斯特格伦曾在一个摇滚乐团里演奏。韦斯特格伦是一位音乐家，他当时知道，大多数乐队和音乐家与他的境况差不多，都在努力争取更多的听众。他认识的许多音乐家都颇具才华，但他们都逃脱不了音乐界的“第22条军规”：根据当时的社会境况，他们除非在广播节目中演奏，否则就不可能拥有大批乐迷，并且只有当他们已经拥有一批乐迷后，才能在广播节目中演奏。

这种情况促使韦斯特格伦提出了最初的“为什么”问题：“为什么优秀的音乐家找不到本应属于他们的听众？”这个问题一直都在他的脑海里萦绕。后来，他从乐队辞职，在电影业找到了一份工作——作曲家。这个问题却仍然在他的脑海里挥之不去。

在新的行业，韦斯特格伦的工作是制作能迎合他人品位的音乐。他对美国财经媒体《街边》（*The Street*）说：“作为一名电影音乐作曲家，你的工作就是要迎合导演的品位，提供他们想要的。”不过，韦斯特格伦并不只是问导演们喜欢什么，还尝试演奏各种类型的音乐给他们听，观察他们的反应。随后，他创作出了一种被他称为“通俗音乐品位基因组”(informal genome of musical tastes in my head) 的东西。

这就是所谓的“顿悟”，尽管你在连接性提问中一瞬间就能有所顿悟。韦斯特格伦正在读一篇有关艾美·曼 (Aimee Mann) 的杂志文章，艾美·曼是一位有才华的艺术家，但她的乐迷却不多，用韦斯特格伦的话来说，“在某种程度上，那就是块无主地……她被束之高阁，她的唱片也没有被发行”。

当读到关于艾美·曼的文章时，韦斯特格伦一直思考的关于音乐家为什么找不到听众的问题重新浮出水面，但这个问题现在不只是在他的脑中打转了。韦斯特格伦逐渐开始将自己最近了解到的对音乐进行重新组合的方法与艾美·曼及其他许多音乐家面对的难题结合起来。

韦斯特格伦想：“如果有一种方式，可以利用音乐将艾美·曼和一个欣赏她的作曲风格的听众联系起来，那会怎样？”

韦斯特格伦知道，现在创建算法的技术能进行相当简单的、可预测的推荐。比如，“如果你喜欢那本谋杀悬疑类的书，那么这本谋杀悬疑类的书你可能也会喜欢”。不过，他的预想比某些算法更加精致和复杂，他想做一个系统，用来分析你为什么喜欢你喜欢的那种音乐，但这个系统需要基于几十个（可能是成百上千个）微妙的音乐特征和属性而建立。为此，他必须找到一种能将音乐分解成最基本的元素的方式，或者利用生物类推法来找到音乐的基因。所以，他必须解决的问题是：“如果我们可以绘制音乐 DNA 图谱，那会怎样？”

一旦有了“如果”这类问题，之后他需要做的就是分享想法并努力争取支援，在这一点上他与其他人的做法无异。韦斯特格伦成功地获得了足够的资金支持（部分来自他刷爆的信用卡），并雇了一支由音乐家和技术工程师组成的团队。接下来，他们便开始进行实验了。

韦斯特格伦雇用的那些音乐家每天就会来和他一起工作。他们戴上耳机听音乐，并将每一首乐曲分解成大约 400 个属性，从大类入手，比如旋律、和声、节奏、乐器和声乐表演，等等。然后，他们又把每一个类别进一步细分成基本的元素或叫作“基因”，比如，声音从刺耳到平缓可以有多达 25 ～ 30 个属性。当音乐家分解乐曲时，技术工程师正在尝试开发出一个专门的搜索引擎。这两个部分都非常关键，韦斯特格伦认为，他正在开发的秘密武器会将人的判断力和算法结合起来。

韦斯特格伦和他的团队花费了大半年的时间建立了一个原型。“因为用这种方式分析音乐需要花上一段时间，”韦斯特格伦这样解释道，“实际上，做这样的事情真的非常荒唐，但这是我能想到的唯一策略了。”

第一次测试这个原型时，韦斯特格伦输入了一首甲壳虫乐队的歌曲的名字，系统紧接着就给出了一个推荐：一首比吉斯乐队（Bee Gees）的歌。韦斯特格伦随之想起了 20 世纪 70 年代带有迪斯科风格的比吉斯乐队的歌曲，这让他略微震惊了一下。韦斯特格伦创造的系统至少在音乐方面比他自己更聪明，比吉斯乐队早期歌曲的音乐风格确实类似于他输入的这首甲壳虫乐队的歌曲。

如今，潘多拉网络电台拥有 7 000 万听众。韦斯特格伦非常自豪，这不仅是因为他解答了有关是否能绘制音乐 DNA 图谱的问题，还因为他回答了自己最初提出的问题：怎样找到一种将音乐家和听众联系起来的方式？

韦斯特格伦每天都会说，潘多拉网络电台总是能选取那些不太知名的乐队的音乐，并将这些音乐分享给最想欣赏它们的听众。这些听众可能不关心音乐基因或前景黯淡的音乐家的职业前途，但这项服务为他们解答了一个与众不同的问题：如果一个无线电电台比你更了解你喜欢的歌曲类型，那会怎样？

潘多拉网络电台的创业故事像许多新创公司一样，起初都是某个人意识到某个尚未满足的需求，进而提出一个问题。最后，提问者将找到的解决方案转化为现实。

从提出问题到将解决方案转化为现实，这之间到底发生了什么？而这就是提问中比较艰难的阶段。在创建潘多拉网络电台的过程中，韦斯特格伦将自己的想法和考虑到的影响因素融合在一起，也将自己对音乐的了解与他从技术中学到的知识结合起来。而他还受到一篇杂志文章的启发，并将其与一个看似与音乐毫不相关的领域（生物学）建立起关联，于是一个新的解决方案就开始在他的脑中形成。所有这一切最终促使了一个似乎难以成真的假设的产生，这个假设可能是可行的，也可能是不可行的，但这足以让兴奋的团队勇敢地面对挑战，努力让这个假设变成现实。

提问的力量

A More Beautiful Question

当一切都有可能发生时，在提问的过程中，“如果”阶段就显得没什么价值了，因为这些假设在更具实际意义的“怎样”阶段可能会不复存在。但是，对于创新来说，花上一段时间让那些漫无边际的、不可能的想法不断浮出水面却是至关重要的。

如果“为什么”有一种穿透力，能让提问者顺利通过设想出的问题挖掘到难题的本质，那么“如果”就有一种更强大的力量，因为它允许我们不受任何限制或约束地去思考，激励我们去充分发挥想象力。约翰·希利·布朗曾写道：“为了让想象力活跃起来，我们就必须有机会看到事物表面之外的东西。于是，我们要以一个简单的‘如果’这类问题作为开始。而这个问题则会把一些意想不到的事物或看似不太真实的事物引入到现实中来。”

在潘多拉网络电台的创办历程中，“如果”一类的问题确实将“奇怪”的事物引入了现实世界——韦斯特格伦有关“可以把广阔的音乐世界按照基因的方式分解”的想法确实让人觉得有些荒唐。因此，虽然“如果”阶段很美，但前提是我们要欢迎异乎寻常的想法存在。

这些漫无边际的推测性想法到底从何而来？很显然，如果我们知道这种来源的精确位置以及接近它的方式，那么创造力就没有那么神秘和不可预测了。但是，我们的确知道要想提出新颖的想法或具备新颖的见解，就需要把自己的想法和各种影响因素结合起来考虑。然后，再把那些起初不能一起考虑的事物重新结合起来考虑。而新颖的想法或见解很重要，因为它们决定了我们是否能够通向具有想象力的“如果”阶段。爱因斯坦和其他人都提到过所谓的“组合思维”，我也在本书中使用了术语“连接性提问”来着重强调提问的过程。无论怎么称呼这些术语，从根本上来说，这种将想法、影响因素和各种事物进行混合搭配的心理过程，就是创造力和创新的根源。

借用别人的想法，智能重组

在想出新颖的想法的过程中，我们并不是束手无策的，明白这一点会让我们稍感轻松。我们能将现有的东西作为产生新想法的原料。另外，还有一种关键的因素是，我们可以用一种聪明的、不寻常的和有用的方式将这些零碎的东西连接起来，并最终进行“智能重组”（smart recombination）。而这一术语似乎是由英国设计师约翰·撒卡拉（John Thackara）提出的。

A More Beautiful Question

提问练习

如果我们把三种零食混合起来变成一种，那会怎样？如果再附赠一个奖品呢？

19世纪90年代，弗雷德里克·鲁克海姆（Frederick Rueckheim）从德国毕业后，来到美国芝加哥寻找机会。鲁克海姆注意到，糖果、花生和爆米花越来越受欢迎，于是他想知道："如果我能将这三种零食混合起来变成一种，那会怎样？"他在1893年的芝加哥世界展览会上出售了这种混合物，但效果不是很好，因为涂抹上糖浆的爆米花会黏在一起成为一坨，并且"糖浆爆米花和花生"这个名字虽然不错，但没能激发人们的兴趣。怎样才能避免让爆米花黏在一起？为了解决这个问题，鲁克海姆在混合物中添加了油。1896年，有人在尝了这种零食后大声说："玉米花生糖！"鲁克海姆接下来就决定将这种零食叫作"玉米花生糖"（Cracker Jack）。作为一个资深的提问者，鲁克海姆一直想知道：在玉米花生糖中可以添加什么才能让它更具吸引力？1913年，他添加了最后的"原料"——一份小奖品。

我们身边到处都是智能重组的例子。比如，潘多拉网络电台就是无线电台和搜索引擎的结合，它也采用了遗传密码式的生物模型，并将这一模型转换成适用于音乐领域。巧妙的重组往往从不同领域中提取想法或影响因素，并将它们结合在一起。在今天的技术世界里，许多出类拔萃的产品都是"混合物"——用新的方式将诸多的功能和特性融合在一起，比如苹果公司推出的 iPhone。

公司也可以进行智能重组。奈飞以视频租赁业务起家，采用类似会员健身俱乐部一样的运营方式，而现在还增加了“影视制作工作室”。爱彼迎把线上旅游中介、社交媒体平台以及提供住宿与早餐的传统模式结合起来，其中同时提供住宿和早餐这种传统模式也是很久以前的智能重组。

人们把各种想法不断结合起来的历史由来已久，而在互联网时代，人们就更可以自由地创造“混搭”模式以及各种可能性。**按照《连线》杂志的说法：“创造性活动并不需要你白手起家，而是需要你在现有文化产品的基础上创造新事物。”**

我们可以通过各种方式激发出智能重组。有时，这些重新组合是我们深思熟虑的结果，比如“怎样才能将这种赚钱的事物和那种赚钱的事物结合起来，从而赚更多的钱？”有时，重新组合能让你收获意外的惊喜。《吸血鬼猎人林肯》（*Abraham Lincoln, Vampire Hunter*）这本书非常受欢迎，它就是智能重组的典型例子。该书的作者塞斯·格雷厄姆－史密斯（Seth Grahame-Smith）在一家书店里看到了一张专门放畅销书的桌子，上面摆满了各种有关吸血鬼的书，而旁边的桌子上高高地堆积着有关林肯的传记。格雷厄姆－史密斯后来向《纽约时报》表示，当他看到这两摞书时：“我灵机一动：‘如果能将这两个题材结合起来，岂不非常棒？’”

尽管许多重组并不一定都是“智能”的，但重组的事物有一个共通点，那就是它们都将早已存在的元素重新混合成了一种新事物，这种新事物不仅具有独创性、趣味性和实用性，也十分令人惊奇。当我们把想法或影响想法的一些因素结合起来时，表面上看起来没有什么逻辑性或天然联系的事物就会巧妙地重组，而一旦重组形成，这种混合物的力量就是非常强大的。

戴维·科德·穆雷（David Kord Murray）曾经是一位火箭专家，他先是在美国国家航空航天局工作，后又成为财捷公司（Intuit）的首席创新家。穆雷在自己的著作《如何打造你的爆款创意》中做了一项有关创造力的研究。**按照穆雷的说法，“创新的本质是我们在现有理念之外构建出新的理念。**”在书中，穆雷引用了爱因斯坦、华特·迪士尼、乔治·卢卡斯和史蒂夫·乔布斯等人的故事作为主要的创新者案例。他指出，这些创新者“定义问题、借用别人的想法，然后把这些重新结合”。他们通过将似乎无法结合在一起的事物结合起来，以及从所属领域之外的地方借来想法，就能使这一切重新组合。

善于进行连接性思考的创新者往往会尝试将他们正在做的事情进行连接。比如，当华特·迪士尼计划建造一座新的游乐园时就是这样做的，他提出，如果这座游乐园可以像一部电影一样鲜活，那会怎样？穆雷说：“由于持有这一想法，华特·迪士尼开始逐渐明白了一座像电影一样的游乐园到底应该是什么样的。最终，他创建了一座有故事色彩的游乐园，游乐园里的员工则都变成了演员。”所以，创建主题公园现在来看明显就是将游乐园和电影进行了智能重组。因此，当华特·迪士尼引入这种混合性的主题游乐园时，人们就会感觉既新鲜又惊奇，而这种游乐园也很引人注目。

提问的力量

A More Beautiful Question

正如穆雷指出的，如果最具创意的理念是把看似没有联系的想法连接起来，或把看似有巨大分歧的想法结合在一起，那么这就意味着连接性提问不只是提问“如果我们将 A 和 B 结合起来，那会怎样”而且要问“如果我们将 A 和 Z 结合起来，那会怎样”（或者更好的问法是，如果我们将 A 和 26 结合起来，那会怎样）为了搭建这些不合逻辑的连接，默里建议：“你必须让符合逻辑的思维安定下来。”最近的一项神经学研究证实了这一点，该研究指出，人类大脑是一个连接各种提问的机器，它永不停歇。大脑往往把看似不相干的零碎事物重新整合到一起，并且不断地提问：如果把这个与那个放在一起，那会怎样？这样它就能持续不断地进行分类和整理。

堆积客观信息，带着问题散步

“当我们提出具有挑战性的问题——为什么X必须是它现在的这个样子？如果我努力想到一个与众不同的方式去完成这件事，那会怎样？这就是发散性思维的一种形式，它能激发大脑中的一些有趣的活动。”美国佛罗里达州立大学医学院的肯·海尔曼教授如此说道。

海尔曼认为，为了了解大脑内部正在发生着什么，我们先要把大脑看成是一片枝繁叶茂的森林。他说：“我们可以将一个神经元或一个神经细胞看作是森林中的一棵树。”在这个类比中，细胞体变成了树干，轴突和树突则分别是树的主要枝干和小分支，它们会延伸到大脑中非常远的地方。“在大脑中，有些树之间的距离会比另一些树之间的距离更加紧凑，枝干之间也会产生联系。”当这些联系形成时，“神经连接”就相应形成了，大脑也就可以产生新思想、新想法和新见解了。

在产生有创意的见解方面，并不是所有的神经连接都能起到同样的作用。神经学家约翰·库尼欧斯指出，心理联想和心理关联则更能说明这一点。比如，当我们将一张桌子和一把椅子联系起来时，心理联想和心理关联就会在大脑的左半球发生。但是，远隔联想则需要更多的神经延伸，“就像当我们想到‘桌子’，进而想到‘桌子下面’时”，此时大脑的右半球更适合来完成这项任务，因为它由枝干更长的细胞组成。

海尔曼、库尼欧斯和其他人已经发现，智力上的突破可以帮助我们解决难题或想出更具创新性的新想法，此时大脑的右半球就会发生远程连接。我们能具有某些创意是因为，树突已经与遥远的“大树”枝干取得联系，这样我们就能将通常看似毫不相关的思想、零碎的知识和影响因素结合起来。

仅提问“为什么”和“如果”类的问题未必能引起这些神经连接发生，但是提问却能滋养树木，延伸其枝干到达的范围。钟晨波是多伦多大学罗特曼商学院的教授，他针对连接性思维或联想思维已经做了大量研究，比如为什么联想思维可以产生非凡的洞察力和创意、是什么在鼓励大脑参与这种思维方式的运作，等等。他的研究已经发现，我们不必控制大脑去搜寻这些无意识状态下产生的远程连接，但却能指导大脑进行这种搜寻，比如把目光聚焦在一个有待解决且具有挑战性的问题上。钟晨波证实：“首先，明确你的目标，或想出你到底该解决什么问题，这是非常重要的。”如果你有意识地去解决一个大问题，那就是你的无意识心理发挥作用的一个好机会。

此外，如果你有一颗好奇心，并且真的会通过提出问题和收集知识去满足好奇心，那么这也能帮助大脑完成连接性提问，其方法就是向大脑提供“大量可以关联的原材料”，正如钟晨波提出的那样。尤其，如果你的好奇心一直聚焦在一个具体的问题上，且你一直在做深度思考，并进行情景分析，同时提问时采用不同的视角，其中包括多个“为什么”类的问题，那么这些都会变成你的大脑产生深刻见解和进行智能重组的“饲料”。

A More Beautiful Question

提问练习

如果只用圆点和破折号就能将这个世界分类，那会怎样？

1948年，美国费城一家超市的总经理参观了德雷塞尔大学的校园，他想看看学生们是否能开发出一种将产品数据以编码来进行管理的有效方法。据《纽约时报》叙述，曾有两个毕业生尝试去做，但在刚开始时就陷入了困境。之后，其中一个毕业生整个冬天都在迈阿密海滩的祖父母家里，思考怎样完成这个挑战。为了能让信息可视化，他意识到自己需要一个代码。约瑟夫·伍德兰（Joseph Woodland）曾提出疑问：“如果能将可以无限制地进行组合的莫尔斯电码（Morse code）改编成图表的形式，那会怎样？”当伍德兰的手指掠过海滩上的沙子时，受到沙滩上这些粗细不一的痕迹的启发，他也就逐渐开始了一系列连接性提问。随后，他想道：粗线和细线可以代替圆点和破折号。最终，伍德兰和他的同学发展了这种构想，并将其申请专利，条形码由此诞生。

即便初学者的思维方式非常适合探讨一个问题的早期阶段，但随着你推进到设想解决方法的“如果”阶段，更有效的办法就转换成获取与该问题有关的知识，并且最好是从各种观点中收集知识。掌握与你想探讨的问题看似毫不相干的知识也是有帮助的，这些知识可能与核心问题没有关系，但随着你堆积的各种客观信息越多，产生意料之外的关联的可能性也就越大。海尔曼指出，那些阅读广泛和游历过很多地方的人以及那些兴趣广泛和有跨学科教育背景的人具备着一些与众不同的特质，他们可能产生更多的想法连接，也可能更具创造力。

让大脑仓库储满知识能帮助你开启头脑风暴，让你想出“如果”一类的问题，而各种尝试解决问题的练习则能帮你实现这些想法。**但要记住，在努力激发连接性提问之前，只有当我们处于分心状态或无意识状态时，才能产生更多的连接性提问。**因此，最好的方法可能是，带着问题散步或者带着它去博物馆。又或者如果你觉得自己运气不错，那就带着它入眠吧。

在专注与漫不经心之间思考

早在海尔曼深入探讨神经元和树突的相关问题之前，还是名学生的他就发现了创造力和大脑功能之间的关系。他说：“大学期间，每当我参加考试时，我都会非常焦虑。因此，我想出了一个方法——首先，我总是先回答简单的问题。然后，随着焦虑慢慢减少，我再开始回答那些真正需要思考的问题，这个方法对我的考试很有帮助。”

虽然海尔曼当时还不知道这具体是怎么一回事，但从生物学和化学的角度来看，他的方法还是有一定的根据的——当你感到焦虑时，你的大脑就无法产生更多的创造力和想象力。后来，他在研究中了解到了这一点。他说：“当你试图获得最简单的答案时，你可能只会过多地关注外部世界。但当你放松时，就能进入内心世界。”在放松的状态下，你的神经网络就会打开，更自由地进行各种连接。

提问的力量

A More Beautiful Question

作为一个提问者，花时间来探讨具有挑战性的问题而不是立刻回答这些问题，是很重要的。如果你能与一个问题“生活在一起”，思考它，然后远离它，允许它处于混沌状态，那么你就能给大脑一个机会，让其想出各种新鲜的见解和“如果”一类的可能性，从而实现突破。

越来越多的研究（包括钟晨波的研究）发现，当人们处于放松或分心状态时，他们常常会想出更多新奇的想法或解决方案。钟晨波将这个过程称为一种“漫不经心”（inattention）的状态。他由此提出：“为了产生突破性的发现和开拓性创作，艺术家或科学家应该简单地沉浸于白日梦当中吗？”

钟晨波承认，白日梦本身显然不是答案。在解决创造性问题的中间阶段，白日梦能对找到答案有所帮助。**于是，他提出了自己的理论，当你的注意力介于集中和不集中之间时，你的思考状态可能是最好的。**例如，当十几岁的杰克·安德拉卡想到要发明测癌试纸时，他就处于这样的状态。

在一个家族朋友死于胰腺癌之后，安德拉卡便首次开始关注早期癌症检测的相关问题。在进行研究的过程中，他了解到每天大约有 100 个人会因为这种疾病而濒临死亡，许多人甚至发现自己患上这种疾病时已经为时已晚。在确定了早期癌症检测面临的核心问题以及早期癌症检测可以拯救生命之后，安德拉卡想知道：“为什么胰腺癌检测不可以既快速又廉价呢？”

安德拉卡不是一位接受过系统性培训的科学家，但他的确是一个每每拿到科学杂志就如饥似渴地阅读的科学迷。他早就明白，若想设计出一个好的检测方式就需要将不同科学分支的想法结合起来。最终，安德拉卡很好地完成了这项任务，因为他持续地将从不同领域了解到的零碎信息结合起来。

安德拉卡说：“我挑选了《癌症杂志》(*Cancer Journal*)，然后挑选了一篇物理学文章，接下来又随机挑选了一篇化学文章，这些内容我都会阅读。在阅读完这些文章后，我会找时间坐在沙发上放松一下或到处走走，并进行思考。比如，我会想：如果我把来自不同领域的理念结合起来去解决问题，那会怎样？于是，我就在自己的脑海里酝酿怎样实现这个想法，并且我还要考虑这些来自不同领域的理念究竟能否在某种程度上结合在一起。”

首先，安德拉卡会从不同的领域中挑选出他需要的理念，然后他会把这些理念结合起来，他偶尔也会呆坐在沙发上思考。通过阅读大量文章，他了解了有关碳纳米管的知识，于是他开始把碳纳米管作为连接物。他发现：“碳纳米管有一种属性，当你将它们分开时，它们本身所带电的性能就会发生改变。而当你将蛋白质固定在碳纳米管上时，蛋白质内部就产生了抗体。”这一发现让他深深着迷。于是，安德拉卡提出了更深入的“如果”一类的问题：“如果我用一个附有抗体的单壁碳纳米管去接触胰腺癌细胞的蛋白质，那会怎样？”

这一想法的出现令安德拉卡十分欣喜。虽然他提出的是一个假设性问题，但也已经有希望找到答案了。他指出：“我的想法有 50% 的可能性是对的。”之后，他针对抗体和其属性做了大量研究，“一切都可以行得通了，我的信心也随之增加。当然，我的父母认为我疯了”。接下来，安德拉卡与他的哥哥探讨了这个想法的可行性，他的哥哥卢克是一位化学家。“我对他说：‘嘿：这个想法听起来正确吗？’他说：‘噢，不对，这永远不会奏效。’”

随后，安德拉卡给 200 位教授发了电子邮件，其中有一位教授对此非常感兴趣，提供他进入实验室进行研究的机会。这个时候，安德拉卡需要去思考另一个问题：“怎样让人们觉得这种测试既廉价又可靠？”虽然想得到这个问题的答案并不轻松，但他最终开发出了一种试纸。值得注意的是，这可是他在 15 岁时发明的。在检测癌症方面，他所发明的方法比市场上的任何方法都要快 100 倍，敏感性也比市面上的高 400 倍。尽管这种测癌试纸的价格是目前检测技术的 1/26 000，但准确率却是 100%。安德拉卡的发明使他在“英特尔国际科学与工程学博览会”上荣获大奖，他也因此受邀成为 2013 年奥巴马总统国情咨文演说会的特别嘉宾。

安德拉卡曾经描述过他的思考过程：闭上眼，让所有吸收到的零碎信息产生关联。他的这种做法不免让我想起了谷歌客座科学家雷·库兹韦尔（Ray Kurzweil），他在一次采访中阐述的自己的思考方式与此类似。① 库兹韦尔说，当他致力于解决一个不曾碰到的难题时，在上床睡觉之前，他就会花时间仔细地去想这个问题。在这期间，他会回顾所有与该难题相关的

① 想要更多地了解未来学家库兹韦尔的观点，请阅读《如何创造思维》。这本书的中文简体字版已经由湛庐策划，浙江人民出版社 2013 年出版。——编者注

问题和挑战。随后，他进入梦乡，让自己在无意识中继续工作。

现今有越来越多的研究描述了我们怎样在无意识中解决问题。最近，萨姆·麦克纳尼（Sam McNerney）在智囊论坛网站 Big Think 上写了一篇文章，他用大量最新研究证明了睡觉可以帮助人们更好地解决困难的问题，而那些问题通常需要一个创新性的解决方案。麦克纳尼在文章中援引了作家约翰·斯坦贝克（John Steinbeck）的话：“你的问题可能在前一天晚上是一个难题，但到了第二天早上，经过‘睡眠委员会’对它的处理后，这个难题就被解决了。”

关于白日梦及它在帮助人们产生新颖的、开创性的想法方面的相关研究也早已出现了。我们曾听说过“浴中哲思”的说法，也经常这么说，而这种说法的确是真的。在所有类似的放松时刻中，似乎都有一种相同的神经力量对你想出解决问题的方法有所帮助。睡眠或放松可以让大脑与日常干扰分割开，从而让我们转向对内心的探索。此时，我们的右半脑会变得更加活跃，让我们进入更有效的思维连接阶段。

当然，散步也能产生类似的效果。埃德温·兰德在度假胜地散步后，就产生了一些新想法。另外，像长途驾驶或其他清闲解闷但又不过度分心的活动同样能产生类似的效果。然而，看电影就会使你太过分心了，它会“关闭”创造性思维。

神经学家约翰·库尼欧斯曾指出，做一些修补工作或涂鸦也能产生有利于捕捉灵感的“漫不经心”状态。“你用左手涂鸦和用右手涂鸦产生的结果可能是不同的，”库尼欧斯说，“左手涂鸦可能会刺激大脑的右半球。”

如果你想休息一会儿，同时也想促进自己提出连接性提问，那么去参观博物馆可能是一个好选择。放松不仅能刺激想象力的产生，也能给思考留有空间。它可以使你获得灵感，比如前文提到的那些提问者，他们都是在放松状态下进行想法的创造性连接和智能重组的。在放松状态下，许多想法和对问题的影响因素就会浮现在我们的脑海中，从而为产生心理连接提供丰富的原料。设计师乔治·路易斯声称，他的一些非常棒的创意都是在大都会艺术博物馆漫步时产生的，他说："博物馆真是让人产生顿悟的好地方。"

连接性提问一般发生在"如果"阶段。该阶段的关键在于，当你需要解决一个具有挑战性的问题时，如果你花时间去思考这个问题，那么你的注意力就会持续聚焦于这个问题。这意味着我们可以采用一些方式来激发"如果"一类的问题产生，甚至可以通过一些练习来做到这一点。但是，为此你需要让自己的思考频率慢下来，趋于平静状态，让这个问题慢慢酝酿。如果还是一无所获，那么你还可以在早晨准备起床时找个借口赖床："再给我 10 分钟，我需要再多进行一些连接性提问。"

"想对"容易"想错"难

如果睡觉或做白日梦都不能让你产生非常棒的想法和"如果"这类问题，那么你还可以尝试其他一些可以激发你的灵感的思考方式，其中一种就是故意去"想错"。

你可以在"创新思维之父"爱德华·德博诺（Edward de Bono）的著作中发现这一理念的提出根源。[①] 最近，这一理念受到青蛙设计公司（Frog Design）等创新公司和斯蒂芬·施德明（Stefan Sagmeister）、约翰·比伦

① 想要更多地了解德博诺的观点，请阅读《六个思考框》。这本书的中文简体字版已由湛庐策划，万卷出版公司 2011 年出版。——编者注

贝格（John Bielenberg）等设计师的青睐。在解决创造性问题的初级阶段，他们都运用了发散性思维，而这种思维方式可以让我们产生大量想法，甚至时不时地冒出一些标新立异的想法。

提问的力量

A More Beautiful Question

能做到“想错”并不容易，因为当大脑处于有意识的状态时便会排斥一些完全开放的想法，也会阻止我们产生更广泛的连接性提问。由此可见，大脑往往通过沿着熟悉的神经路线反复做同样的事情来努力解决难题。

通过故意“想错”产生的“错误想法”会迫使你的大脑脱离一些可预测的轨道，从而产生似乎没有任何意义的想法。而这些想法往往会把那些没有关联的事物混合匹配起来。作家、成人学习专家凯瑟琳·泰勒（Kathleen Taylor）拥护这种思考方式，她表示“想错”能激发我们的创造性思维。从神经学角度来讲，当你迫使自己面对彼此冲突的想法或乱七八糟的想法时，你也就摇动了大脑的突触。在这个过程中，你的一些旧的、陈腐的神经连接可能会减少，新的神经连接就更容易形成。

比伦贝格因运营了一家名叫“M 计划”（Project M）的问题解决工作室而闻名。在过去 20 年里，他一直教人们怎样“想错”。正如比伦贝格解释的那样，真正有天赋的创新者和有创造力的天才在产生一些非凡的想法时，并不是采用了什么令人惊奇和不寻常的思维方式。他说：“毕加索和史蒂夫·乔布斯是天生的‘想错者’，但我们却必须在后天努力去‘想错’。”

在比伦贝格的工作室里，他要求参与者在没有丝毫关联的想法甚至单词之间进行“随机连接”（random connections）练习，从而帮助参与者“想错”。例如，他会让参与者进行一个简单的单词练习，这个练习只需要你手里有一本词典就够了。首先，你需要选择一个大数字和一个小数字，比如342和5，根据这两个数字，你就需要翻开词典第342页，找到第5个单词。然后，你要试图围绕这个单词进行联想，比如将这个单词拆分，重新排列字母，从而组合出其他单词。接下来，你需要不断地重复这个过程，想出第2个单词来，再看看自己是否能用这两个单词形成有趣的组合，或许你会由此想出第3个单词来。

许多具有创造性思维的艺术家都利用类似的单词组合练习来使他们的创造力喷薄而出。这种练习非常受欢迎，甚至有许多手机软件开发商开发了类似应用程序，使你只需摇晃智能手机就可以进行练习。比如，“灵感生成器”（Idea Generator）这款应用程序会随机选择3个单词让你进行组合。

在比伦贝格的工作室，根据参与者的情况，比伦贝格会将这种随机组合的练习一步步地提升等级。比如，让银行职员先设想自己可能会遇到的一个比较离奇的业务情景，再设想一个与自己的业务完全无关的情景。接下来，让他们尝试将这两种情景结合在一起。比方说，如果《芝麻街》（*Sesame Street*）[①] 的制作人来运营银行会怎样？银行出纳员工作的地方会放木偶吗？对于这种随机组合练习，比伦贝格做了很多变更。

几年前，我拜访了一家工作室。这家工作室由创造力顾问汤姆·莫纳汉（Tom Monahan）运营。莫纳汉会指导人们进行一种他称作“180度思维”的练习，这种练习其实质就是“想错”，只不过名字不同而已。在莫纳汉的练习中，他鼓励参与者设想一个看似没有用的事物怎样变得有用，比如一个不能烘焙的烤炉或一辆不能动的汽车。这似乎听起来很疯狂，但是当你做这种练习时，有趣的事情就出现了，你可能会想出一些很离奇的点子，比如烤炉除了烘焙食物以外还能做什么？那汽车呢？

---

①《芝麻街》是美国公共广播协会制作播出的一档儿童教育电视节目。——编者注

这种“180度思维”练习的目标并不是让你必须立刻产生具有深远影响的创意。只要能想出一些值得深入探究的想法，你就已经实现练习的目的了。进行这类练习的根本目的在于，当面对一个难题或挑战时，我们要怎样训练自己想出广泛的可能性，其中包括把那些毫不相关的想法结合起来的想法。而这种练习会锻炼我们不断去思考“如果”一类的问题。

正如约翰·希利·布朗指出的，“如果”一类的问题可以放飞想象力，因为这类问题允许你“并非只看到事物的表面形态”。简言之，它们允许你去改变现实。

卢克·威廉姆斯（Luke Williams）是青蛙设计公司的前创意总监，也是《颠覆性思维》一书的作者，他曾谈到过用“如果”这类问题“反转”现实的各种方法。如果现实是当人们进入一家餐厅后，服务员就为他们提供菜单，那么相反的假设就是：“如果一家餐厅只在顾客离开时才提供菜单，那会怎样？”与威廉姆斯合作的一些客户会利用假设性问题来挑战一些有关顾客行为的最基本的设想。

在《颠覆性思维》一书中，威廉姆斯引用了乔约·斯托（Jonah Staw）的例子，斯托在与朋友结束晚餐后，他们交流起了大量不可思议的经营理念。有人问，如果某家企业打算卖不配对的袜子，那会怎样？这种经典的“想错”例子可能就是来自比伦贝格或莫纳汉的工作室。今天，斯托创办的LittleMissMatched公司出售的就是这种乱搭的彩色袜子，它的消费者多是年轻女孩。这些女孩认为，穿着这种袜子是一种玩转时尚的表现。目前，该公司的生意非常兴隆。

我们可以用“如果”这类问题来改变过去，展望未来，想出更多未来的可能性。爱彼迎公司的联合创始人乔·格比亚最喜欢的问题之一就是：“如果我们一无所有，那会怎样？”在商业领域，这个问题有着非凡的意义，而它对于人们思考自己的人际关系或生活选择方面也有着重要的意义。我们也可以用“如果”这类问题来减少失败的可能性，你只要简单地提问“如果我们不能失败，那会怎样？”就可以了。总之，我们能用这些假设性问题去想象看似不可能的事情。

即便我们能通过“如果”这类问题来“逃避”现实，但在某种情况下，我们却必须与现实做斗争。一种创新或创造性突破可能就是从“想错”开始的。但是，当我们从单纯地设想转为考虑怎样实现设想时，不可能就会变成可能。而当我们围绕着那些可能的事情有一些发散的、异想天开的想法时，就意味着我们正在从“如果”的思考阶段迈入“怎样”的解决阶段。

提问清单

A More Beautiful Question

1. 如果你的大脑是一片枝繁叶茂的森林，那会怎样？又如果，那些树木的枝杈彼此交叉，那会怎样？
2. 如果你带着一个问题入眠，那么当你醒来时会得到答案吗？
3. 如果你的想法是错的，你的袜子也不匹配，那会怎样？

A MORE BEAUTIFUL

QUESTION

The Power of Inquiry to
Spark Breakthrough Ideas

QUESTION QUESTION QUESTION

05

第三步：找到解决方案，尝试“怎样”能让想法真正落地

过度思考不如立即行动

当你做白日梦或睡觉时，所有的心理关联就会聚在一起，帮助你在大脑中形成“如果”这类问题。所以，此时你会在无意识中产生创造力。由于这种情况只会出现在你睡醒后准备去工作时，因此它对高里·南达（Gauri Nanda）来说就是一个麻烦，这是由于南达早上起床有点儿困难。

南达一直想要解决起床困难这个问题。于是，她开始提出“为什么”一类的问题：“为什么我总是睡过头？”“为什么我的闹钟不能把我叫醒？”这些问题的答案很简单，因为她已经习惯一遍又一遍地关掉闹钟，就跟大多数人一样。南达在麻省理工学院学习设计，她有一套解决问题的诀窍。在分析了自己的情况后，她提出：“如果让关掉闹钟变得很困难，那会怎样？又如果你的闹钟使你不得不起床，并且你还要追上它才能将其关掉，那会怎样？”

这就导致了一个问题产生：“如果给闹钟装上轮子，那会怎样？”这个问题是一个典型的连接性提问类的问题。而在想到要创造第一个带轮子的闹钟后，南达立即针对这一“如果”类的问题采取行动，不过其实这并不是什么独一无二的想法，每个人可能都会想到给某个东西装上轮子。但问题是，怎样将轮子装在闹钟上?

南达开始行动了，她开始收集有关自己的推测性想法的反馈信息，而收集反馈就可以被看作她逐渐进入“怎样”阶段了。在这个过程中，她问了几个值得信任的朋友，对于闹钟从床头柜上滚下来并迫使你下床追着它关掉这样的想法，征求了他们的意见。“他们笑了，但不是嘲笑，只是觉得很好玩。”她的朋友们也表示，如果真有那种闹钟，他们可能会买。

南达把她现有的材料与从大学实验室里借来的材料相结合，制作出了第一个试验品。这个试验品的部分材料来自乐高积木，其中包括积木中的汽车和轮子，这些组成了她的闹钟原型—— 落跑闹钟（Clocky）。为了给闹钟创建保护层，缓和它经常从床头柜上滚落时的冲击力，南达使用了粗毛毛毯的材料。她回忆称：“这让闹钟看起来有点像一只长毛动物。”

在测试她的发明时，南达意识到：“事情实际上比我想象的更困难。”让闹钟滚下来很简单，但让它从床头柜上掉下来仍完好无损却是另外一回事了。她承认：“闹钟是经不起这么折腾的。”怎样消解闹钟滚落时产生的震动？南达将加固的电池放进闹钟，又给闹钟添加了更大的轮子，为的就是让闹钟承受住它掉下来时的冲击力。这些措施都是南达通过反复进行测试而想到的，她让闹钟一遍又一遍地掉下来，以观察闹钟是怎样扛住这些撞击的。在测试期间，南达也认识到，落跑闹钟的移动路径是可以提前猜到的，所以我们很容易就能抓住它。因此，她必须想出来怎样让闹钟的滚动路径变得更难以预料。后来，她在闹钟里放置了微处理器，这样闹钟就能以各种不同的速度遵循各种各样的路径移动了。

南达的古怪计划引起了许多科技博客的注意，在互联网上引起了热议。而南达还因此接受了媒体的采访，在一档电视节目中，她展示了自己那尚未完成的发明。现在，南达面临的挑战是，怎样继续完善闹钟的外形，以等待合适的时机发布。所以，南达必须把连接闹钟跟电路板的那些露在外面的线隐藏起来，换掉粗毛地毯材料。最后，她用一种牢固的硅材料取而代之。

后来，落跑闹钟的外形清爽多了，在几次媒体亮相之后，消费者对于这款产品的兴趣不断增加。现在，南达必须思考这些问题：“怎样增加生产？怎样处理订单？又怎样开办一家已做好充分准备的企业？”

2006 年，在解决了所有这些问题后，南达成立了自己的公司。在之后的 3 年内，该公司销售的落跑闹钟超过了 50 万个。这款产品之所以能够被创造出来是源于南达的连接性质询技巧，以及她乐意提出“如果”一类的问题。但是，假如南达没有针对这个异乎寻常的想法采取行动，也没有一步步地将想法付诸实践，那么这款产品就永远也不会问世了。

提问的“怎样”阶段就是使想法成为现实的阶段，而南达让原本只存在于她脑中的闹钟最终走进了现实生活。在这一阶段，事物往往会聚在一起然后再分开，如此反复。我们必须面临现实中出现的各种问题，因为事情往往并不按照计划中的那样进行。当然，强调提问的“怎样”阶段多么困难并不是为了说明提出“为什么”一类的问题就能轻松挑战假设，或提出“如果”这类问题就能轻松构想出新的可能性。这些步骤都需要我们面对困难时向后退一步，以及具有跳跃式的想象力。**事实上，“怎样”阶段是一个漫长的、需要面临重重困难和无数次失败的阶段。你将来可能会从自己经历的这些失败中汲取很多教训，但当面对这些失败时，你却未必会认为它们将会对你有帮助。**

提问的力量

A More Beautiful Question

在“怎样”阶段早期面临的挑战之一是，确定自己的想法并决心付诸行动。在完全开放的“如果”阶段中，一个人往往会提出很多问题，探索多重可能性，产生切合实际或看似有些异想天开的众多想法。但到了实践想法的时候，你必须窄化这些可能性，只关注一个值得深入探究的想法。

在你将一个想法付诸行动的过程中，找到分享想法进而获得反馈的途径就显得尤为关键。我们的大脑中总是会浮现出各种想法，但大多数最终只是被储存在脑海里而已。如果你告诉别人自己正努力解决某个问题，那么就相当于你承诺要解决这个问题了。设计师萨姆·波茨（Sam Potts）注意到：“把你的想法告诉别人是很重要的，因为这会督促你坚持到底，如果你不做出什么行动，就会被别人认为你很蠢。”

南达问她的朋友：“对于带轮子的闹钟，你有什么想法？你想要类似的东西吗？”由于她与朋友分享了想法，得到了反馈，也就意味着她决定要做这件事了。在某种程度上，这种口头上问出的话很有意义。但只是口头上说说并不代表你已经将这个想法付诸行动了，你必须真正去做。因此，你的问题或想法一定要是有形的和可分享的——经过深思熟虑的，能够向他人传达，可能还需要经受住考验。

描绘出一个想法的最基本的方法是，把它写在纸上。在开始动手制作落跑闹钟之前，南达在纸上画了草图。她在纸上把自己的想法用语言描述出来。这种描述可能是一个总结，也可能是一个提议，而如果你能把自己的想法以图形的形式描述出来就更好了。**视觉专家戴维·西贝特（David Sibbet）说：“如果你想让人们对同一个问题形成同样的心理模型，那么最快的方式就是用图来描述这个问题。”**

你可以把想法画在一张餐巾纸的背面，也可以在平板电脑上用各种素描程序把它画下来，还可以用互联网上现有的艺术作品来表达你的想法。当一种想法被描述得越来越复杂时，就意味着它进入了原型阶段，比方说，一个测试网站或者一个产品的早期三维模型，例如南达的粗毛地毯闹钟。

对于一些任何人都可以制作完成的事物来说，“原型”这个词显得太技术化了。一个原型可能是一个 YouTube 短视频——制作电影的第一步；可能是一项试点工程或一次运行测试；可能是一个由多种材料粘连起来的初步模型；可能是一个利用计算机辅助设计软件制做出的复杂的 3D 透视图；还可能是一个任何能展现想法的初期模型。IDEO 公司的设计师迭戈·罗德里格斯（Diego Rodriguez）曾评论说：“原型可以将问题形体化。”当你让问题具有了形体，这个问题就很难被忽视了。于是，南达提出的“如果给闹钟装上轮子，那会怎样”的问题就非常引人注目了，尤其当人们真的看到一个带有轮子的闹钟时，就更难忽视这个问题了。

如今，我们可以利用技术以低廉的成本快速地创造出任何形状、任何形式的模型。现在，有一些应用程序可以让任何人都变成素描艺术家或网站设计师，还有一些软件也能让用户创作出高度复杂的模型。而我们还可以把这些模型放在各种假设性情景下进行测试。比如，我们可以让一栋建筑的数字模型受到模拟的地震冲击，然后看看这个建筑模型是怎样在地震中屹立不倒的。

当 3D 打印技术在未来几年大范围普及，并且价格越来越低廉时，我们很可能会创造出更多的原型。通常，我们会在电脑上绘制一张图以描述自己想要创造出的那个事物，然后根据这张图制作出一个由塑料或钢材料构成的实体。正是技术让这个过程变得很简单。**按照软件设计公司 Alibre 首席执行官 J. 保罗·格雷森（J. Paul Grayson）的说法，技术“能让普通人实现他们的想法，并将其转化成真实的产品”。简言之，技术提供了**

一种让我们的问题从精神世界进入物质世界的方式。

许多人在让他们的个人想法进入公众视野时都会有恐惧心理，尤其在想法还比较粗糙的早期阶段，人们的恐惧心理更甚，但技术却无法帮助人们减轻这种心理压力。正如作家彼得·西姆斯（Peter Sims）在《哈佛商业评论》中指出的那样，学生时代甚至在毕业后进入商业领域后，我们中的大多数人一直都被灌输了这种思想：要隐瞒自己的想法，除非这些想法已经非常成熟、臻于完美了，否则就不能把它们说出来。因此，我们往往不会立刻尝试自己的想法，也不会把想法分享给他人以获取反馈，并且也不会考虑自己的想法有哪些可行，哪些不可行。我们只会过分思考和过度准备，随着时间的推移，这就会慢慢变成一种根深蒂固的习惯。

A More Beautiful Question 提问练习

怎样才能让行李箱滚动起来，而无须费劲地拖着它？

如果给它装上轮子，那会怎样？这个问题是无数次“智能重组”的基础。伯纳德·萨多（Bernard Sadow）是一家箱包公司的主管。1970 年，当他正拖着两个沉重的行李箱穿过机场时，他注意到机场工作人员很轻松地将一个大机器运到一个带轮子的滑轨上。于是，萨多想知道：“如果给行李箱装上轮子，那会怎样？正是这个问题促使他一步步进入提问的“怎样”阶段。一开始，萨多把一个行李箱平放在地上，接着给它装了 4 个轮子，用这种方式拖拽行李箱。随后，飞行员罗伯特·普拉思（Robert Plath）改进了萨多的发明。普拉思想出给行李箱装上一个长长的手柄，这样人们就能拉着由两个轮子支撑的行李箱行走了。萨多和普拉思提出的所有问题产生了最后的答案——现在已经非常普遍的拉杆式行李箱。

需要注意的是，过分思考和过度准备并不能自然而然地促使人们去探索和创造。在观察了孩子们实现他们的想法和解决问题的方式后，你就会发现他们怎样从“如果”阶段快速、勇敢地迈向“怎样”阶段。

黑客之道，快速试错

一位软件设计师曾给我讲过这样一个有趣的实验故事。在一项实验中，实验组织者将一群幼儿园的孩子聚在一起，然后又将他们分成几个小组，并给这些小组提出了一个挑战：让他们在有限的时间内，用没有煮过的意大利面条、树枝、胶带和棉花糖等搭建成一座尽可能高的高塔，预设棉花糖被放在这座建筑物的最顶部。

在这个实验的第二个阶段，实验组织者又增加了一个新的环节。他们请来哈佛大学的 MBA 毕业生来完成这个挑战，与幼儿园的孩子进行较量。这些毕业生以非常认真的态度来对待实验。他们采用了一个高难度分析方法来应对这个挑战，还针对其开展了内部辩论。

对于他们这样的解决方式，或许你早已经猜到了。但出乎意料的是，MBA 的学生竟然输给了幼儿园的孩子。虽然有计划，也进行了讨论，但他们经过谨慎地构想搭建而成的高塔总是会倒塌，最后他们也没有时间做更多的尝试了。这位设计师还说，MBA 毕业生还花费了很多时间来讨论到底谁该对此负责。

当幼儿园的孩子们接到任务后，他们马上就开始搭建高塔，因此能更加高效地利用时间。当他们构想好一种搭建方式后，就立刻着手去做。如果这种方式行不通，就快速尝试另一种。同样，他们也尝试了很多次，但他们一边尝试，一边从错误中吸取教训，而不是提前去弄清楚每一种搭建方式的可行性。

棉花糖实验的目的当然不是让MBA学生变得谦虚起来，而是让他们在面对挑战时，知道该怎样应对。我们从幼儿园的孩子们的身上学到的是，面对挑战时要快速尝试自己的想法是否行得通，而这一点是无可取代的。

我们发现：MBA学生在“如果”这类问题上卡的时间太久，而孩子们在他们浪费时间时已经从“如果”阶段移向“怎样”阶段了。一旦孩子们想到了一个可能的组合，他们就尝试去做，看看这种组合能否行得通。[1]

提问的力量

A More Beautiful Question

对我们这些搭建现实世界的人来说，这个棉花糖实验到底意味着什么？我们可以这么想，在如今充满活力的社会中，我们所有人都面临或即将面临挑战，都在进行着某种版本的棉花糖实验。当我们尝试创办新企业、建立新市场、构建新的职业生涯及构想新的生活计划时，在没有任何指引的情况下，我们需要在很短的时间内快速适应那些不熟悉的新工具——快速掌握千变万化的技术。为此，我们不仅要成为一名优秀的提问者，还要成为一名优秀的实验者。

在观察成年人在创新环境下的工作方式时，你会发现他们在工作中表现出的状态与孩子们在棉花糖实验中表现出的状态非常类似。在IDEO公司，一旦公司的设计师有了新想法，他们就会谋求快速地去实现自己的想法，然后测试它是否可行。在麻省理工学院媒体实验室，情况也是如此。

① 想要更多地了解棉花糖实验，请阅读沃尔特·米歇尔（Walter Mischel）所著的《棉花糖实验》。这本书的中文简体字版已由湛庐策划，北京联合出版公司2016年出版。——编者注

伊藤穰一表示，这里的研究人员和学生不会花太多的时间去细致思考他们探究的问题，也不会去辩论怎样才能最有效地推进问题的解决。取而代之的是，他们会迅速进入实验阶段。正如伊藤穰一指出的：“如今，尝试想法变得更容易了，成本也更低了。”

麻省理工学院媒体实验室出现的这种状况在谷歌和 Facebook[①] 这样的公司也存在，并且这样的例子在技术领域随处可见。Facebook 创始人马克·扎克伯格将“快速想出点子并测试其可行性”的理念转变成“力求迅速改变”的理念，并将其作为公司信奉的一个原则。扎克伯格把这个原则称为“黑客之道”。2012 年，当公司首次公开募股时，扎克伯格在写给 Facebook 潜在投资者的一封信中说，尽管“黑客”这个词带有一定贬义，但它在 Facebook 的意思是：快速确定某事，或快速测试哪些事可以做。而这就意味着，公司员工要持续不断地用较为粗糙的方式去尝试新想法。“黑客会快速实践自己的想法，并不断重复这个过程，这样他们就会从中获得很多经验，进而努力构建出能长期存在的最好的服务。所以，黑客在这个过程中会不断尝试，而不是等到一切准备就绪后才着手去做……也不会为了一个新想法是否可行或者什么是实现某事的最好方式而争论好几天。黑客宁愿先将初级想法变成原型产品，然后再看看这种想法是否有效。”

在创业者的世界里，这种“测试并学习”的方法日益盛行。在某种程度上，埃里克·莱斯的精益创业理念也促进了这种方法的盛行。**莱斯坚持认为，企业家、公司或者任何试图创造新事物的人都必须找到持续进行试验的方式，以及快速将新想法引入公共消费领域的方式，而不要将大量的资源和时间都投入到闭门构思一个完美想法上。**莱斯呼吁，企业要利用有效的、快速的和不够完美的初级想法，集中力量开发所谓的“最小可

① Facebook 公司已于 2021 年 10 月 28 日更名为 Meta。——编者注

行性产品”，而这些初级想法就可以用来检验什么样的产品可以在市场中“行走”。

虽然“测试并学习”这种方法更多的是一种商业战略，但它的基本原则几乎足以使人们努力解决处于持续变化和不确定的环境中面临的任何难题。

比如，纽约市原市长迈克尔·布隆伯格（Michael Bloomberg）在任时，曾在很多事情上采用了“测试并学习”的方法，从创建更多的步行街到实行自行车租赁计划，再到设置一个为市民提供信息的“311”市民客服专线。在管理工作中，布隆伯格擅长处理基本的“为什么”一类的问题，并由此让事情有了新变化。由于布隆伯格推行了许多试点项目，他也因此被人们视为“试点项目市长”。而他的这些小的试点项目使得实施大的项目更为可能。因为，如果一个试点项目不能奏效，那么对其进行调整或者废掉还未全面实施的计划也就相应变得容易了。

犯错不要紧，但不要反复犯同样的错

“测试并学习”的方法并不会只给你带来痛苦。然而，这也说明了另外一个问题，不断地试验就意味着在解决问题的过程中必然会不止一次地遭遇失败。在这个过程中，即便你没有真正感受到痛苦，每次失败也必然会给你带来某种程度的失望。

菲利普斯曾制作过许多假肢原型。在每次开始制作时，他都满怀希望，但后来他的身旁就会出现摔坏的假肢。然而，没有一次失败能减慢他尝试制作假肢的步伐。正如温斯顿·丘吉尔曾说过的：“成功就是你即便跨过一次又一次的失败，但也没有丧失热情。”然而，人们要怎样学会应对这种由“成功”制造出的“多次失败”的恶作剧呢？

菲利普斯说：“每当原型破碎一次，我的心就碎一次。”但这也是一次学习机会——该怎样从失败中学到东西？其答案就是提问。你不要逃避失败，也不要努力忘掉曾发生过的事，而要带着失败走向光明，并不断提出问题：为什么这个想法或这次努力失败了？如果我能运用从这次失败中学到的教训，并尝试改进，那会怎样？我怎样才能做到这一点？

A More Beautiful Question 提问练习

怎样让一个煮熟了的鸡蛋的蛋壳消失？

家庭厨房是创新性提问的“温床”，专业的厨房用具设计师以及好奇心强的家庭主妇通常会提出一些创新性问题。比如，为什么要按这种方式来做家务？怎样更好地做家务？对于贝齐·拉夫瑞博·考夫曼（Betsy Ravreby Kaufman）来说，最头疼的事情莫过于为聚会制作蘸芥末的鸡蛋。考夫曼讨厌给鸡蛋剥皮，她认为这是一件苦差事，因为蛋壳经常会粘住鸡蛋，让鸡蛋不光滑或出现磕痕，她不得不因此扔掉这些鸡蛋。有一天，考夫曼站在一锅煮沸的鸡蛋前，她突然想到，如果能把鸡蛋煮熟煮硬，是不是就不用剥皮了，这不是很酷吗？这个问题随后变成：“如果把鸡蛋煮熟煮硬，而蛋壳也随之脱掉，那会怎样？”她把自己的这一想法推销给了一家鼓励发明创造的公司。一年后，一个叫作“Eggies”的塑料煮蛋器不仅出现在考夫曼的厨房里，也出现在超市的商品陈列架上。

斯坦福大学的罗伯特·萨顿教授表示，在分析失败时，除了要问什么方面出错了之外，你还应该问：在这次失败中，我做对了什么？而当你尝试做某事并且看似已经成功时，你既需要看看自己是否有哪些方面出错了，也需要看看有哪些方面一直表现很好。最好的学习方式就是同时观察成功和失败。

在分析自己遭遇的一系列挫折的过程中，你要问的关键问题是：我每次的失败都有差别吗？IDEO 公司创始人戴维·凯利注意到："如果你一直反复地犯同样的错误，那就意味着你没有从失败中学到任何东西。而如果你不断犯新的、不同的错误，那就意味着你正在做新的事情，学习新的东西。"

当你跟所有人分享一个初级想法时，你有可能会收到消极的反馈，或许你会将此看作是一种失败。但这未必就是失败，保罗·博蒂诺指出，在反馈阶段，"不和谐的声音其实比共鸣更有价值"。**当人们不太接受你的想法时，这可能是一种好迹象，表示你正进入一片重要的未知领域，因为你得到的这些负面反馈会让你摒弃普通的假设想法，从而追求更好的想法。**博蒂诺说："不和谐的声音最容易让人产生误解。而我们其实应该欢迎这种不和谐的声音，并学会尽可能地利用它。"

正如博蒂诺指出的，当你承担一个具有挑战性的项目时，关键是要知道怎样请求外界的支援，还要知道怎样与潜在的顾问、支持者和合作者建立关系。因为如果你正在探究的是一个极具挑战性的问题，那么你凭一己之力可能并不能解答它。而在开始进行协作式探究时，你就需要问合作者这样的问题："你与我一样发现这是一个有趣的问题了吗？想同我一起努力解答它吗？"

互联网和社会化网络让我们更容易找到那些我们乐于与之分享有趣的信息的人，以及那些与我们探索类似问题和渴望应对挑战的人，也使我们很容易就能与他们建立联系。即便他们不是我们的合作对象，你也可以引起他们的好奇心并获得他们的支持。

A More Beautiful Question
提问练习

怎样将一个大高尔夫球场放到一座小岛上？

20 世纪 80 年代，职业高尔夫球手杰克·尼克劳斯（Jack Nicklaus）受聘在大开曼岛上设计建造一个高尔夫球场。这时，他面临着一个困难的挑战：这个岛仅有 9.7 千米宽，35.4 千米长，它太小了，不足以容纳一个高尔夫球场。在尼克劳斯试图解决这个难题时，整个团队先设计了一个 9 洞球场，如果人们从不同的高尔夫发球台发球的话，可以玩两次。这个设计虽然很聪明，但是高尔夫球手只要不调整他们的挥杆幅度，球很容易就会滑向水里。为了解决这个问题，尼克劳斯没有继续盯着球场的尺寸问题不放，而是重新想出了这个问题：“如果不让高尔夫球飞很远，那会怎样？”经过频繁的测试和不懈的研究，尼克劳斯和马基高公司（MacGregor Golf Company）开发出了飞行距离有限的“开曼球”（Cayman Ball），这种球的飞行距离只有常规高尔夫球的一半，但高尔夫球手仍可以使用同样的挥杆幅度。

如果没有别人的帮助，那么杰克·安德拉卡想要解决的胰腺癌快速检测问题就不会有大的进展。在实现想法的过程中，他迫切需要做实验用的材料和工具——简言之，他需要一个实验。最开始时，安德拉卡从他的父母和哥哥那里只得到了一些刺耳的反馈。他们认为，他的想法“永远不会奏效”。但无论如何，他都继续进行自己的探索。他在纸上描绘出自己的基本计划。他说：“我详细地写出了步骤、预算和时间线，这样的话，自己的想法就清晰地呈现出来了。”之后，他几乎给“了解胰腺癌的任何人”都发了邮件，其中包括美国国立卫生研究院的专家、约翰·霍普金斯大学、美国马里兰大学的教授和其他人。他联系了 200 多人，得到的负面反馈信息远超过 200 条。“他们中的一些人只是说，‘这不会奏效’。而还有一些人在浏览了我的步骤后都说，这是错误的，那是错误的，真是相当刺耳。”但其中一位教授却认为安德拉卡提出的首要问题有解答的可能性，并且还认为安德拉卡提出的技术性问题（如果我用一个附有抗体的单壁碳纳米管去接触胰腺癌的蛋白质，那会怎样？）很有趣，其中蕴含的想法也有实现的可能性。安德拉卡回忆说，这位教授的回复是：“是的，当然，它有可能会奏效。”更重要的是，这位教授向安德拉卡开放了他的实验室。

这个十几岁的少年在此前从未进入过如此专业的实验室。安德拉卡回忆说：“我当时的反应是：‘哇，这是一台离心机！’那种感觉就像你置身一家糖果商店。”但当安德拉卡开始进行测试时，他经历了无数次失败。他说：“在第一个月，我就把自己精心培育的细胞弄坏了，接下来什么都做不了了。”

后来，安德拉卡将他面临的挑战分解成许多小的问题，当他一个接一个地解决那些问题后，成功也就悄然而至了。在每个小问题上找到的解决方法都会鼓励他继续解答下一个问题。当安德拉卡想优化用于试纸上的抗体时，就产生了第一个问题，而这个问题困扰了他 3 个月。但是，他继续对筛查测试做调整，直到他发现合适的抗体为止。之后，他开始攻克有关碳纳米管的问题。接下来，他必须解决该怎样将试纸中的抗体和碳纳米管结合起来的问题。最终，他还必须对试纸进行测试，观察它是否能检测到胰腺癌。7 个月后，他成功了。

我问安德拉卡，他是如何顺利通过“怎样”阶段的，比如，当出现很多问题、遭遇失败和实验毫无进展时，他是怎样应对的。安德拉卡回忆说：“能想到一个问题就是一件非常有意思的事。之后，让这个想法形成理论上的解决方案就更有意思了。”而当他在实验室里反复测试和不断学习时，他的实验过程跌宕起伏。他说：“有时，我会想：‘或许所有那些不相信我的人都是对的。我只是一个15岁的孩子，对于癌症又能有什么了解呢？’”

但最后的答案是，“你拥有了一种完美的体验”。安德拉卡用“高雅”这个词来描述他获得解决方案时的状态，这个词似乎与条形试纸这样的东西并无关联，“完全是得意扬扬的，因为你找到了一种解决问题的高雅的方式。”

挖掘全球的大脑资源

这个15岁的少年有着与他的年龄并不相称的想法——检测癌症。他发送出一大批电子邮件，并因此获得了进入世界级实验室的机会。安德拉卡的故事说明，资源就在那里等着你去挖掘，它们可以帮你处理几乎任何问题。如果你会提问并且会很好地提问，人们就会向你提供帮助。安德拉卡就有一个非常有力的问题，并且他制定了详细的实施计划来支撑自己的问题。

《纽约时报》曾刊登过一篇文章，题目为“不知道该怎么办？你需要去找哪些人”（Don' t Know How? Find Someone Who Does）。这篇文章指出，如今任何有着绝妙想法的人都可以轻松地联系到专家，这些专家可以让你的想法取得进展，也可以帮你重新构建想法。另外，当你实现了自己的想法时，专家们还会帮你弄明白你可以用它来做什么。《时代周刊》的记者妮科尔·拉波特（Nicole LaPorte）写道：“当我们提到发明家时，我们就会想到一个孤独的灵魂蹲坐在地下室的实验室里数周或数月，直到他宣布自己取得了胜利。”然而，实际上，“汲取他人的经验和资源”通常要比独自攻克难题好得多。

当你发现一个具有挑战性的问题时，你需要用多个视角来思考这个问题，并且视角越多越好。对此说法，你不用感到奇怪。按照《多样性红利》[①]一书的作者斯科特·佩奇（Scott Page）的说法，每当我们努力去解答一些艰涩的问题时，都会被绊住，但“即便拥有多种多样的工具，我们可能也会被绊住”。**当你寻求潜在的合作者时，你要瞄准那些与你有着不同的背景、文化经历和技能的人，因为多样性可以给你的创造力添加燃料。**

过去，人们可能往往在当地寻求合作者，就像安德拉卡最初那样。今天，人们在扩展资源上再也不会受到地理的限制了。电影制片人、兼职发明家米克·埃布林（Mick Ebeling）表示，如今任何想解决大问题的人“都可以利用两种令人惊奇的资源。第一，我们拥有无限的信息资源，只需动动指尖就可以获得，这是以前任何一代人都难以利用的资源。第二，通过社会化网络和互联网，我们可以即时与他人建立联系。你可以把所有的信息结合起来，也可以和任何人建立联系。简言之，我们可以挖掘全球的大脑资源”。

当埃布林决定执行一个野心勃勃的计划时，他就开始挖掘“全球的大脑资源”。他的目标是：帮助一位瘫痪的艺术家继续进行艺术创作。故事是这样开始的：埃布林经洛杉矶艺术家托尼·奎恩（Tony “TemptOne” Quan）介绍，参观了一场艺术展览，而奎恩则是涂鸦艺术领域的一位传

---

① 多样性视角、启发式解释和预测模型能帮助人们找到更多的答案，请阅读《多样性红利》一书了解这一观点。这本书中文简体字版已由湛庐策划，浙江教育出版社 2018 年出版。——编者注

奇人物，曾经是一位高产艺术家，但他后来受到肌萎缩侧索硬化症的折磨，逐渐丧失了对手和脚的控制，也很难再继续进行艺术创作。起初，埃布林想要给奎恩及其家人开一张支票，但他跟妻子在一次晚餐中讨论了这个问题后，他想道：“如果斯蒂芬·霍金能通过机器与人进行交流，我们为什么不能找到一种方式让奎恩这样的艺术家重新绘画呢？”

正是这个问题开启了埃布林的提问旅程，并最终让他到达“如果”阶段。当埃布林了解到激光标签投射技术时，他认为该技术很神奇，人们通过一束激光和一个指针就能在建筑墙面上涂鸦。但他想知道，是否存在一种可以让人们通过眼球转动来操纵激光，从而与他人进行交流或创作艺术作品的方式，且这种方式的价格相对低廉？对于怎样实现这样的想法，埃布林没有任何思路，但现在他至少想出了一个好问题。埃布林了解到，这种激光技术既可用来创作艺术品，也可以解放人们的双手。于是，他提出：“如果我们想出一种能用眼睛控制激光的方式，那会怎样？”埃布林没有任何有关该项技术的专业知识。而他关于自己开发的任何产品必须极其便宜的决定使他的想法看起来似乎更加雄心勃勃。所以，他的想法并非是去复制一个高价的、霍金式的个人交流系统，而是要创造出更简易的、让资金有限的瘫痪人员负担得起的一种产品。

埃布林说：“我觉得按照这个路子生产出的将会是一种适合大众的产品。”他走进一家专门研究激光标签技术的公司，该公司名叫“涂鸦研究实验室”（Graffiti Research Lab），询问是否有人能帮他解答问题。他也从自己广泛的人脉中寻找那些懂得计算机编码和计算机工程的专业人士。埃布林说：“今天，我们都是黑客和创客，你必须让他们围绕一个自己感兴趣的问题聚集在一起。”经过一年的计划和组织，埃布林召集了 7 名来自世界各地的黑客和程序员，该团队在两周半的时间内不停地编程。最终，他们完成了“眼睛书写器”（Eyewriter）的开发。

至少从表面上看起来这款设备非常简单：只需一根电线就将一副便宜的太阳镜与一个包含眼睛认知技术和激光技术的数据包连接了起来（见图 5-1）。当埃布林把这个设备带给正躺在医院的奎恩时，第一次真正意义上的系统测试开始。埃布林的团队在医院外面架设了一台投影仪，并将这台投影仪无线连接到奎恩戴的眼睛书写器上。那天晚上，已经瘫痪了 6 年的奎恩创作出这些年的第一幅涂鸦作品—— 通过转动自己的眼球来控制眼睛书写器的激光，于是他也就能在医院的外墙上“绘画”了。

眼睛书写器的 DIY 设计方法和软件都可以免费下载。埃布林在 TED 大会上表示：“现在瘫痪的人用他们的眼睛就能绘画或与他人交流了。”他的讲话引起了现场观众长时间的起立鼓掌。在演讲的最后，埃布林鼓励现场观众每天问自己两个问题：“如果不是现在，那会是什么时候？如果不是我，那会是谁？”

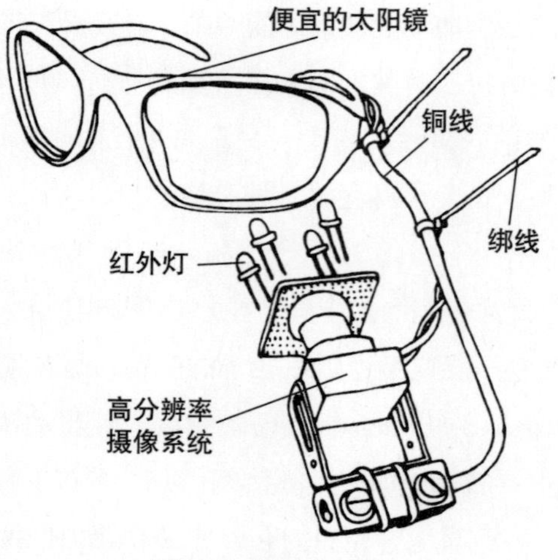

图 5-1 眼睛书写器

埃布林非常喜欢进行协作式探究，于是他创办了一个网站，名为“没有不可能实验室”（Not Impossible Labs），目的是帮助创新者彼此建立联系，并找到能大家一起解决的好问题。该网站的名字源自他的一种信念，即“现在，我们要天真地去想自己发现的不可能解决的任何事或任何问题”。无论你想出的问题多么野心勃勃，你都可以向那些拥有知识、技能和想象力的人寻求帮助，他们会和你一起解决问题，当然前提是你能联系到他们。

对于那些习惯靠自己的力量来解决问题的人来说，要想接触到潜在的合作者，他们可能需要强大的自信心。例如，作为作家，我经常独自写作。但对于这本书，我试着用一个不同的方法来完成，于是我在博客上询问是否有人想贡献一些与提问有关的想法和研究结果，等等。最后，我召集了十几名合作者，他们为我的书最终能够出版做出了极大的贡献。不过，有些人会问：如果我分享了想法，那它还是“我的”吗？凭什么关心这件事的人会愿意提供帮助？如果我习惯了独自思考，还能跟其他人一起共事吗？

A More Beautiful Question 提问练习

怎样才能摆脱电源线的束缚？

世界逐渐成了无线的世界，那么为什么我们还要通过电源插座给设备充电呢？这就是以色列企业家拉恩·波利亚肯恩（Ran Poliakine）在2006年提出的问题。在寻求这个问题的答案的过程中，他继续研究了尼古拉·特斯拉在19世纪90年代就开始探讨的有关无线的问题。2009年10月，伴随着金霸王公司（Duracell Powermat）的成立，波利亚肯恩开创了“无线充电”这一品类，它的工作原理是磁感应。2010年，天体生物学系的学生梅雷迪斯·佩里（Meredith Perry）找到了一种可以让电子束功率直接与电子小工具连接的方法，这样无须使用电源线就能给电子设备充电了。后来，她又提出了“压电”(piezoelectricity，由压力产生的电流)的概念。接下来，佩里提出了新问题：怎样不移动任何东西就能使空气振动？随后，她的 uBeam 充电设备问世了。这款设备被风险投资基金公司 CrunchFund 的迈克·阿林顿(Mike Arrington)称为“像魔法一样的东西”，它将声、电和电池技术等几个领域的技术结合起来。

麻省理工学院媒体实验室的托德·麦克弗教授非常赞成在工作中进行协作式探究，也善于运用这一探究方法。麦克弗是一位工程师，也是一位作曲家，他工作范围广泛，从创作流行的互动音乐游戏《吉他英雄》到创作歌剧和交响曲。在他创作乐曲的过程中，观众都积极地参与其中。他操作的每个大型项目都是靠协作式努力来完成的。麦克弗强调，在独自思考和与其他人协同思考之间找到平衡点非常重要。他说：“尤其在创作的初期，我很多时候都想慢下来，思考一个具有挑战性的问题。”在这些时候，他就会回到被改装成音乐工作室的仓库里。“作为作曲家，在与他人分享想法之前，我想要自己思考一个问题，甚至想象整个世界，也想要将大脑中存在很久的想法变成切实的东西。”

麦克弗说，你有时候也必须“将问题带出仓库”，开始跟其他人合作。媒体实验室建立的目的就是将来自不同学科的人聚在一起，让工作场所形成一种理想的协作氛围。“在实验室里，每一个人都可以自在地跟其他人交谈，大家会问：‘这就是我很感兴趣的事情，你愿意和我一起思考这个问题吗？’”

麦克弗不只是与实验室里的其他成员合作。最近，他受多伦多交响乐团邀请，编写一首原创乐曲。于是，他决定请整个多伦多市的人来捕捉和分享能代表多伦多日常生活的声音，从而与他共同创作一支交响乐。麦克弗说：“我想看看，当人们共同解答一个问题时会发生什么。”他提出的需要大家共同思考的问题是：“多伦多是一曲怎样的乐曲？”

许多年来，麦克弗一直在探索一个问题：“怎样才能将音乐变成一种参与性更高的体验？”本质上，这个问题与上述问题一样。麦克弗之所以提出这个问题是因为他感觉到许多人只是被动的音乐消费者。“音乐无处不在，每个人的耳机中都有，但是却很少有人在研究音乐、创作音乐，或者全身心地体验音乐。”20 世纪 90 年代中期，麦克弗发起了一项音乐实验——“大脑歌剧”（Brain Opera），该实验的特点是允许人们弹奏管弦乐队的所有乐器。这些“高贵”的乐器被散放在纽约市林肯中心，当人们在这些收藏品周围徘徊时，他们就会被邀请用这些乐器进行弹奏（乐器会根据人们的移动产生声音），之后工作人员会把这些声音编辑在一起，用来给舞台表演配乐。麦克弗说：“该舞台表演的作曲有一半是我创作的，一半是由公众创作的。我想要说的是，如果你喜欢听音乐，也希望自己能成为音乐的一部分，那么你就会更喜欢音乐，会触摸音乐、塑造音乐。”

《吉他英雄》也可以对身体移动做出回应，人们只要随便摆个姿势就能自创一首吉他乐曲，这一想法来自“大脑歌剧”那个音乐实验。而多伦多交响乐的实验是麦克弗进行的另一种尝试，他希望用新方法让大家协作完成音乐创作。有成千上万人参与到这项计划中来，许多人编写了一段他们自己创作的音乐，这些音乐中融合了来自多伦多的地铁、海港等处的声音。麦克弗将这一切的声音编织在一起，最终形成一首单独的乐曲，多伦多交响乐队在 2013 年演奏了这首曲子。

起初，麦克弗感到十分惊讶，因为有如此多的人参与到这项实验中来。“但是，我能够确信的是，如果你愿意把自己在意的事情展示在公众面前，那么人们就会兴致勃勃地参与进来，并且他们也能做得很好。”

提问的力量
A More Beautiful Question

与其他人分享一个问题就相当于向他们发起一个挑战，某些好奇心强的人可能会发现，这是一个无法抗拒的挑战。通过制定问题，你就已经迈出了关键且困难的第一步，而其他人可能还在踌躇不前。正如作家克莱·舍基（Clay Shirky）[①]在其著作中指出的那样，许多人都会被一个现有的想法深深吸引，他们愿意参与其中并帮助优化这个想法。麦克弗注意到，当你通过分享问题吸引其他人时，“你也是在招揽合作者”。起初，那些问题看起来是“你的”，但很快也可能会变成是他们的，最终成为每个人的问题。

至于答案，谁先得到就是谁的。保留想法——掩藏你的好问题通常是无意义的，因为掩藏起来的事情很难取得进展。所以，你应该将问题告诉大家，并相信通过其他人的帮助，你会从解决这个问题的过程中获得一种解决方案、一次学习经验、一种启发、一个新视角和一个目标等，这一切都会是你的。虽然“怎样”阶段是提问的最后阶段，但其实没有所谓的最后阶段，因为即便你得到了一种解决方案，问题也仍然存在。

成功的提问者就是那类即便获得了某种答案，但很快又会再提问的人。通常，他们会质疑自己找到的那些答案，所以根本就没有最终答案。他们总是能找到改进解决方案的空间，甚至将答案扩展到另一个层次。

答案都是短暂的

菲利普斯可能很满意自己设计出的高性能假肢，但从他的视角来看，这款假肢只为那些有能力高价购买假肢的截肢者解决了难题。因此，菲利普斯想，可以制作一款卖 100 美元的高性能假肢，让发展中国家的截肢者

① 想要更多地了解舍基的观点，请阅读《人人时代》。这本书中文简体字版已由湛庐策划，中国人民大学出版社 2012 年出版。——编者注

也能买得起。他特别注重帮助地雷爆炸的幸存者，于是几年前，他开始提出一些新的“为什么”和“如果”这两类的问题，这些问题都是有关于怎样制作出价格低廉的假肢的。在我写这本书时，他正深陷提问链条的“怎样”阶段，思考怎样实现这些想法——解决怎样将产品投放到市场的细节问题。

米克·埃布林也发现，他很快就将注意力转向与眼睛书写器有关的一系列新问题上了。眼睛书写器最初可以很好地为奎恩所用，奎恩通过快速眨眼就可以控制眼睛书写器。但一个新问题出现了：他的身体状况导致眼睛肌肉退化，所以他很难再快速眨眼了。因此，埃布林提出：“如果我们找到另一种控制激光的方式，那会怎样？如果凭借思考而非眨眼来完成这件事，那会怎样？”

为此，埃布林召集了一个新的协作团队，继续研究“大脑书写器”，这是眼睛书写器的高级版本。制作大脑书写器的想法是要创造一个绘画工具，由脑电活动来控制这个工具，正如用脑电图进行测试那样。尽管创造大脑书写器比创造眼睛书写器更复杂、更具挑战性，但埃布林仍坚持认为：“如果你找到良好的合作者参与进来，那么这件事就是可行的。”

你需要不断地进行思考，不断地追寻新机会，还需要不断地通过持续的、循环的提问来回应改变。这种理念特别符合今天瞬息万变的商业环境的要求，在这样的商业环境中，企业找到的任何“答案”都是短暂的，并且“答案”存活的时间越来越短。在下一章中，我们将会讨论：在商业领域，为什么持续提问比以往更重要。

提问清单

A More Beautiful Question

1. 怎样才能描绘出自己的想法？
2. 怎样搭建一座不倒塌的高塔？
3. 怎样学会去爱一只受伤的脚？
4. 怎样共同创作一曲交响乐？

A MORE BEAUTIFUL

QUESTION

QUESTION QUESTION QUESTION QUESTION

第三部分

用提问改变商业与生活

QUESTION

A MORE BEAUTIFUL

QUESTION

The Power of Inquiry to
Spark Breakthrough Ideas

QUESTION QUESTION QUESTIO

06

做会提问的商业领袖

领导者困境

克莱顿·克里斯坦森被认为是现今研究商业创新的首席专家之一，他也是哈佛大学商学院的一位经验丰富的教授。20年前，克里斯坦森开创性地提出了“颠覆式创新”一词。自此之后，它就变成商业领域中一个重要概念。而克里斯坦森的思想一直备受英特尔领导者安德鲁·格鲁夫（Andrew Grove）和苹果公司联合创始人史蒂夫·乔布斯等人的推崇。

时光倒回到20世纪90年代，克里斯坦森那时还只是一位默默无闻的教授，他并没有意识到，商业中出现越来越多的“为什么”一类的问题有什么意义。他看到许多在科技领域和其他领域取得成功的龙头企业被一些新创企业搞得措手不及，这些新进者提供的产品或服务可能并不是特别出色，但是却更简洁、更方便，价格也更实惠。更让人疑惑的是，这些其命运遭受突然逆转的龙头企业似乎做的都是正确的事情，比如更好地服务客户、改善产品和提高利润空间等。对此，克里斯坦森说：“它们做的事情完全是商学院里所教的。”

克里斯坦森特别想知道，为什么知名的商业领袖不能对这些挑战做出回应？“我在想事情时总是以一个问题开始的，我知道这些企业的失败并不能归因于管理者的愚蠢。因此，我设定了一个问题——‘为什么世界上最聪明的人会碰到这个难题’，仅仅这样想就让我站在不同的角度来思考问题了。”

克里斯坦森发现，尽管大多数陷入困境的企业把精力集中在怎样以创新精进自己的优秀产品，但颠覆式创新的真正潜能却在低端市场——从磁盘驱动器到汽车等这些商业产品，情况确实如此。在不断扩大的技术市场中，如果你可以把一个昂贵、复杂的专属产品转变成一个价格实惠、更为大众化的产品，你就能打开广阔的市场，并且可以改变游戏进程——推翻已确立的市场领导者。但是，为什么只有新进者才能抓住这样的机会？为什么这些拥有高度专业化的技术和丰富资源的企业领导者不能像他们在高端市场那样在低端市场也占据有利地位？

克里斯坦森发现这是一个两难境地：为了追求在低端市场的颠覆式创新，公司必须从他们已经辛辛苦苦建立的市场中撤离。正如他自己所说，这些公司面临着一个棘手的问题：我们应该制造更好的产品卖给最好的客户，以此获取更丰厚的盈利，还是应该生产没有客户想要去买的更差的产品，从而拉低我们的利润？

如果你是一位精明的商业领袖，那么你自然就会选择前者。这样一来，在看似符合逻辑的选择中，你就敲定了公司的命运。

在克里斯坦森出版了他的理论成果——畅销书《创新者的窘境》(*The Innovator's Dilemma*)之后，低端市场的“颠覆式创新”理念逐渐成为标准的商业实践惯例，尤其在硅谷，克里斯坦森的书一时间成了创新者的“圣经”。而这正是对他敏锐的提问能力的一种证明，他能够发现并探究那些能为自己开启理论大门的“为什么”和“如果”这两类问题。然而，我们不免要问下面这些问题：

- 为什么那些人看不到自己正陷于“创新者的窘境”，尤其是克里斯坦森研究的那些经营公司的聪明的商人？
- 为什么这些聪明的商人需要让一位搞商业研究的教授指出他们的生意出现了什么状况，而他们自己却不能提出克里斯坦森提出的问题？

关于这一点，克里斯坦森也有一个理论：他们没有接受过提问题或者探询方面的相关训练。在商学院，这些未来的首席执行官主要是在学习一些颇为实用且能帮助他们做出判断的管理理论，但直到世界发生改变和旧理论失效时，他们才发现原来的理论行不通了。到那时，大多数企业的领导者已无法逃避，只能提出以下这些问题：

- 为什么这些理论不再有效？
- 如果商业市场颠倒过来，把最底部的市场放到最顶端，那会怎样？
- 我的企业面对新的现实状况应该怎样做出反应？我们怎样重写旧有的理论？

尽管今天的市场情况已经变得更加复杂、充满不确定性，并且各个行业正遭受着彻底破坏，但是克里斯坦森觉得在很大程度上商业领袖仍没有提出大量问题，其中更缺乏正确的问题。

山下凯斯是IBM、可口可乐等这些顶级公司的资深顾问。他注意到，在整个商业世界中，“我们正在从高喊效率第一的时期中走出来，而这一阶段从20世纪80年代后期到现在已达25年之久。我认为，整个效率时代所带来的无法预料的结果是，人们提出问题的思路非常狭窄。在探索渐进式改革的过程中，人们提出的所有问题都是关于怎样才能节省一点儿钱、怎样才能提高一点儿效率、在什么地方能压缩成本。”山下凯斯表示，“思路狭窄的问题”的时代正步入尾声。**“许多公司的领导者正逐渐意识到，如果他们仅仅提出一些不重要的问题，就无法推进他们的日常工作并取得进展，无法提高他们所处的地位，也无法提升公司的品牌竞争力。而如果要创新，他们就必须提出更多更有价值的问题。”**

提问的力量

A More Beautiful Question

山下凯斯谈论的是问题在商业领域里的演变过程。旧有的、封闭式问题（例如，有多少个、有多少钱、有多快）在实用层面上仍很重要，但是企业必须处理越来越多的更复杂的开放式问题（例如，为什么、如果、怎样），这样才能在一个需要更清晰的目标、对未来有愿景、渴望改变的商业环境中茁壮成长。

新创企业和现有龙头企业在受到上述影响方面几乎是一致的。新创企业总是不得不问一些有关它们到底为何存在的尖锐问题，其中包括“为什么世界需要另一家公司存在”“为什么别人都应该在乎我们”“在这个世界上，我们应该怎样做出突破”在挤满新进入者的市场中，这些问题比以往任何时候都更真实地存在着。

在有着悠久历史的行业中，知名公司可能需要探询更多的问题。许多公司正在应对新的威胁和反复无常的变化，这些变数突然让这些公司必须面对“它们为什么被需要，它们做了什么以及是怎样去做的”等问题。这也就难怪对于像“跃升创意策略顾问公司”（Jump Associates）的戴夫·帕特奈克（Dev Patnaik）这样的顶级商业顾问来说，“提问是现在我花时间与客户谈的首要事情”。

把提问引入公司文化并不容易，因为大多数公司并不是为“提问”而建立的。帕特奈克说，尤其是美国的许多公司和第二次世界大战后建立起来的一些欧洲公司，“它们是按照脱胎于战争的军事模型而设计出来的，由那些经历了战争考验的人创建的，因此这些公司是围绕那样的思维定式组织起来的。”它们的核心就是遵从森严的等级制度和行政管理系统的套路，不让你对已经公认的实践和规范提出疑问。

这个陈旧的模式已经不能很好地适应一个青睐速度、灵活性和协作式探究的商业市场了。但是，改变已有的商业模式，尤其是允许有更多疑问存在仍然需要我们艰难地转变那些根深蒂固的旧有政策和方法。比如，精益创业理念的倡导者埃里克·莱斯会教企业家怎样采用那些比现在的经营管理方法更灵活、更有弹性的方法。莱斯指出，已经建立很多年的激励制度鼓励人们找到答案，而非提出问题。他说：“工业经济全部都是关于寻找答案和表达信心的。如果你做作业，你就应该知道答案。如果你没有解答问题，那就意味着你做得不好，也就不会得到奖赏。”

虽然日新月异的变化使企业有必要提出更多疑问，但是这也会让商人感觉他们好像没有时间去质疑“他们正在做什么”。托尼·瓦格纳是哈佛大学致力于研究有关提问在商业中的重要作用的教育专家，他指出：“短期业绩的压力会让人们趋向于故意忽略一些问题。”对于那些有意愿去提问的人来说，难点可能在于，他们要弄清楚自己到底问的是什么。帕特奈克表示：“当一切都不确定时，有些机构甚至不了解他们不知道什么。”搞清楚一家企业要考虑的最关键的问题是什么，指出现在面临的挑战和市场情况，可能是企业的首要任务。尽管企业间的差异会使它们要考虑的关键问题趋于多样化，但在企业发展的初级阶段就考虑关键问题便会使企业迎来一个良好的开端。

先重回初心，再确定公司的更高目标

几乎每一家企业都承认，经商就是为了挣钱，这样才能在商界站稳脚跟。但是，如果你追溯它们的足迹，许多企业起初成立时都有一些更复杂的原因，而远非只有挣钱这么简单。本书中提到的许多企业——巴塔哥尼亚公司、戈尔公司、耐克公司、爱彼迎公司、帕尼罗公司（Panera）和奈飞等都是为了填补一个未满足的需求而成立的，比如为了让生活更轻松、更便捷、更令人愉快等。大多数优秀的企业都是在试图解决一个问题的过程中诞生的，而正是这个问题为其提供了早期的目标意识。

尽管那些曾经的激励性原则随着时间的推移已经被埋藏了，但提出“为什么”这类问题可以帮助我们将它们挖掘出来。如果要让挖掘出来的最初的目标获得新生，变得富有活力且有重大意义，那么我们还需要借助提问的力量。

思考目标有很多不同的方式。一个家具零售商可能想到的目标就是售卖家具，但其实也可以是通过与众不同的方式来处理生意，还可以把目标设得更高一些：把一种品牌风格融入低收入人群的生活，或者让人们通过家中陈设来展现自己的创造力。要切中这一点是很微妙的，有时候广告可以将这些常规意义的或人为想出来的目标与企业联系起来。但是，对于企业源自哪里、企业做得最好的是什么、企业为谁提供服务等这些问题，如果一家企业的领导者能够认真地想一想，并且能够提出一个好问题，那么他们通常将会在企业原先的目标之外，发现更有意义、更现实的目标。

当与企业家打交道时，山下凯斯便会用一系列问题来判断企业的目标设立得是否恰当。其中最主要的问题之一就是直截了当地发问，如果从宏观方面来问就是：“这家企业在地球上存在的意义是什么？”

山下凯斯承认，对一家企业来说，这听起来可能太宏大了。但是，新的商业环境越来越要求企业要明确地思考那些超出常规关注范围的问题。山下凯斯表示，若要形成强烈的目标意识，如今的企业就需要“开阔眼界”，这样它们才能了解到人们的渴望和需求，也才能了解到它们在满足这些渴望和需求的过程中存在的障碍是什么。同时，商业领袖也必须审视自身，明确企业的核心价值和更大的雄心。

为了弄清楚企业的内在价值，山下凯斯呼吁企业领导者既要回顾过往，还要考虑这个问题：“作为一家企业，当我们做到最好时，我们在企业发展历史的其他阶段是什么样呢？”

山下凯斯说，虽然当一家企业正处于其发展历史的辉煌时期时，它的核心价值通常闪耀着光芒，但是它偶尔可能也需要重访过去，以便能再次确定公司的更高目标。

凯西·希恩（Casey Sheahan）是户外服饰公司巴塔哥尼亚公司的首席执行官，这家公司确立了坚定而明确的公司使命，而公司的使命与“鼓励户外活动和保护环境”的目标紧紧捆绑在一起。但希恩承认，即便像巴塔哥尼亚这样的公司也必须定期回顾有关公司成立目标和公司使命的问题。“公司既要在业务增长上取得成功，又要考虑这对环境有什么影响，每天都要在这两者之间权衡是有很大压力的。”随着巴塔哥尼亚公司不断壮大，它所面临的挑战也越来越多。希恩始终紧紧抓住一个问题，那就是：“我们怎样才能将巨大的碳排放量（能带来价值 5.7 亿美元的交易）对环境的影响最小化？”

希恩说，认清楚“公司是因何创办的”可以帮我们时刻引导公司的前进方向。“当创办人创立公司时，公司的目标基本上就是保护他们所爱的事物和自然，并且尝试扩大公司影响力以便鼓舞他人。”

这不仅是巴塔哥尼亚公司存在的理由，也是诸多员工在该公司工作至今的理由。希恩说："这就是为什么为了完成工作目标，他们要两步一个台阶往上走的原因。"最近几年，该公司的收益有了强劲的增长，但这并非大多数人在此工作的首要理由。当希恩谈到公司的财务成果时，员工们似乎兴味索然，而他指出："但当我谈到类似'我们派出 50 人到海湾地区帮助做一些清理工作'时，员工们突然站起来欢呼雀跃。这就是他们待在这里的原因。"

尽管并不是每家公司都和巴塔哥尼亚公司一样有这样明确的环保使命感，但是希恩坚持认为："任何企业都要刺激自己去拥有一个坚定的目标和具有强大感召力的价值观。"一个让公司的目标和价值观清晰显现的好方法便是，追溯到公司成立之初，并且询问："公司成立时的崇高目标是什么？现在，我们怎样才能让员工团结在这一目标周围？"

也正如山下凯斯指出的，当询问有关目标的宏大问题时，展望未来十分重要。他呼吁客户要弄明白："我们必须成为什么样的企业呢？"他说，这可能是一个艰难的挑战，因为需要"设想出一个尚不存在的公司"。

A More Beautiful Question 提问练习

我们说我们是谁就真的是谁吗?

20 世纪 90 年代中期，据《快公司》杂志介绍，那时高价优质的有线电视频道 HBO 正处于创新高潮期，首席程序员克里斯・阿尔布雷克特（Chris Albrecht）和其他 HBO 高管坐在一起提出了这样一个问题："我们说我们是谁就真的是谁吗？"阿尔布雷克特想让他的同事们退一步，来冷静地看待频道的创新成果，细想一下这些创新成果是否真的符合 HBO 当初规划的高品质形象。对于阿尔布雷克特的问题，大家一致的答案是："我们还没达到那个地步。"接着，管理团队继续使用一系列传统问题对推出的每一档电视节目发问："这档节目有特色吗？足够好吗？"他们专注于质疑每档电视节目背后的核心理念：这档节目是独创且值得做的吗？它是对这一理念的最好诠释吗？随后，这种严谨的质疑精神对 HBO 产生的影响就是让理念实体化，进而推出一系列具有开创性的作品，比如《欲望都市》和《黑道家族》。

目标类问题之所以重要，是因为如果你能回答它们，就能让企业领导者腾出时间来去寻求重要的机遇、谋求解答影响深远的问题，并始终明确公司一直坚定不移的信念到底是什么。山下凯斯说："产品更新换代，领导层频频更换，趋势转瞬即逝，但从头至尾你需要知道怎样回答'我们到底是谁？我们的核心价值是什么'。"当企业发现自身处于重大变革之中时，明确这两个问题的答案就变得尤其关键。数字革命已经迫使许多企业重建和进行重新思考，因为有时它会将企业推向一个并不熟悉的领域。已经弄明白自身特性和目标这些基本问题的企业就已经能在处理一些使人心绪不定的新问题上具有优势了，比如"我们现在在做什么生意"。

耐克公司诠释了一家企业怎样才能通过对其最基本的经营方法保持质疑来不断适应环境。该公司试图严密地保守秘密，但是几年前，我曾和一个与耐克公司合作过的设计研究人员聊过。他向我透露了耐克公司怎样冒险进入运动场馆，去了解职业运动员和"周末运动员"① 的运动状况，从而探测他们的需求。

① 周末运动员多指工作较忙的职场一族。他们平时运动较少，到周末便进行较大强度的体育锻炼，这样最容易出现运动伤害。——译者注

大约 10 年前，耐克公司的研究人员就观察到数字技术给运动员们带来的深远变化，跑步一族就非常典型。测量、提高和充实运动体验的方式太多了，而这也使得运动变得日益复杂。当跑者奔跑时，他们便佩戴上各种小设备，比如跑表、心脏监护器、音乐播放器等。于是，耐克公司也由此进入经典的“为什么”提问模式，比如“为什么存在这样的问题”“为什么没有人处理这个问题”。随后，耐克公司开始考虑“如果”一类的假设性问题，企图创造一种混合的、可连接网络的工具，使其以某种方式与耐克跑鞋相连的想法便浮现出来，而这样的想法可以满足跑者的很多新需求：从测量距离、绘制跑步进度，到用音乐让他们振奋，再到与其他跑者进行沟通。实际上，耐克公司提出的问题就是：“如果一双跑鞋可以驱动你的生活，那会怎样？”

提出问题是一回事，知道“怎样实现”却是另外一回事了。耐克公司是一家生产运动鞋的公司，而不是一家数字设备制造商。耐克公司认为，“驱动生活”这一想法的唯一实现方式，就是通过与技术公司建立合作伙伴关系来避免独自行动产生的一些鲁莽行为。但要与史蒂夫·乔布斯和他的苹果公司达成合作并非易事。据一篇新闻报道称，乔布斯严厉责备了耐克公司首席执行官马克·帕克（Mark Parker）试图拓展业务到数字领域这件事。乔布斯以不敬的言语表达了希望耐克公司坚守胶底运动鞋阵地的意思。但最终耐克公司说服了乔布斯，制造出了一款混合产品 Nike+。Nike+ 不仅能将耐克跑步鞋无线连接到苹果公司的 iPod 设备，还能连接到一个网站上。这是一种经典的“智能组合”，它能让跑者编排音乐、追踪跑步和健康数据、与其他跑步者交流、找到跑步伙伴、分享跑步技巧等。

这款产品给耐克公司带来的更重要的东西是促使耐克公司开始去设想运动鞋领域之外的事情。现在，耐克公司有一条数字产品线，其中包括它推出的非常成功的运动追踪器 FuelBand。耐克公司正逐渐变成一家数字产品公司，并且取得了类似于它在运动鞋领域取得的成功。所以如果你问耐克公司究竟在做什么生意，这个问题的答案正在持续改变。尽管仍根植于“为满足运动员的生活需求而服务”的核心目标，但耐克公司如今可以以不同的形式来实现这一点。

耐克公司并不是唯一一家转变核心业务的公司。《快公司》杂志发表的一篇文章指出，通过将主要的专业领域向外转移，如今像耐克、苹果和奈飞这样的头部公司已经越来越多地获得了成功。这篇文章有一个具有煽动性的标题“核心竞争力走向死亡”（Death to Core Competency），该文章建议，无论一家公司的特色产品或特色服务是什么，也无论曾经使这家公司走到今天的是什么产品或服务，它们都不能让其顺其自然地发展到下一阶段。即便是一些还很年轻的公司也必须做出某些重要转变。2008 年，Facebook 在早期发展阶段已经取得了卓越的成绩，用户数达到近 1 亿。此时，Facebook 迎来了一位新高管谢丽尔·桑德伯格（Sheryl Sandberg），传闻她给公司领导者提出了一个基本问题：Facebook 在做什么生意。伴随着快速增长的用户数，这家公司居然还没有确定一种营利的模式。桑德伯格的问题引起了公司内部的争论，一个新战略由此形成——更多地关注广告业务。

这对许多企业来说都是一个清醒的认识：它们不能停留在已经取得的成绩上，或者目前了解到的情况上。以初心来审视企业的状况，抛开企业的历史，抛开在曾经奏效的观念很有必要。这样一来，企业也就可以从一个全新的视角去提出问题。

切断与过去的联系，清除制约因素

英特尔公司在其发展初期面临着一个艰难的抉择。起初，该公司专门制造计算机存储芯片，正是靠着这款产品的成功使英特尔公司不断发展。

但是，随着存储芯片生意开始下滑，英特尔公司联合创始人安德鲁·格鲁夫和戈登·摩尔（Gordon Moore）必须决定，是否将公司的重心转移到更有前途的领域。然而，他们产生了分歧：芯片是公司身份认同的核心，英特尔公司不会触及无须芯片的领域。

随后，格鲁夫向他的合伙人提了一个有趣的问题："如果我们被踢出公司，你认为新上任的首席执行官将会做什么？"

格鲁夫和摩尔推断，一个新的领导者不会对衰退的存储芯片生意恋恋不舍，很可能会将它抛之脑后。所以，他们也这样做了，那就是将英特尔公司的重心转向微处理器，这一决定为英特尔公司在接下来数年业绩的突飞猛进打下了基础。

当公司面临颠覆性的改革时（如今，有哪些公司不是这样？），旧习惯和旧传统有时候会阻碍改革的进程。"如果"这类的假设性问题能做到的便是清除这些限制，简单地说，就是允许领导者进行更多的全新的思考。

提问的力量

A More Beautiful Question

你可能会问，如果其他公司的领导者也像格鲁夫和摩尔这样做，那会怎样？而克莱顿·克里斯坦森对该问题提出了一个更让人吃惊的版本："如果这家公司没有存在过，那会怎样？"这个问题让你以一种全新的方式来思考所在行业和自己在其中的位置。克里斯坦森指出，设想公司没有历史，这就可以让领导者不再把重心放在公司已经存在的信念和治理结构上（员工已经寄希望于此），而是开始考虑新的发展潜力。他说："在未来任何一个时间点，一旦你看到了公司的核心业务下滑的可能性"，这样的思考方式就会显得特别有效。当你设想自己的公司不存在时，另一个值得思考的问题是："谁会想念我们？"而这个问题的答案则可以帮助你弄清楚公司最重要的客户是谁，你真正的目标是什么。

对于一家公司来说，抛弃过去已取得的成绩并不容易。"品牌速度"公司（Brand Velocity）的顾问杰克·伯格斯特兰（Jack Bergstrand）认为，公司应该定期提出的问题之一便是"我们应该放弃什么业务"，这是因为公司领导者很自然地就会倾向于聚焦"他们应该做什么业务"的问题。伯格斯特兰指出，对想要清除的东西妥协让步通常很难做到。他坚持认为，如果不能回答上述问题，"你接下来想做的业务就会很难成功，因为你耗用了部分资源去做自己不必再做的业务。"此外，如果你不能想出什么是应该终止的业务，这或许是一个早期预警信号，提醒你并不清楚自己的战略是什么。

伯格斯特兰解释说，对大多数公司来说，放弃一些业务是很困难的，尤其是对曾经取得成功的程序或产品进行终结，因为"我们不喜欢亲手扼杀自己的孩子"。另外，公司政策也会对此有所妨碍，公司里的某个人或某支团队自然会倾向于保护他们自己的项目。伯格斯特兰表示："即便只是问'我们应该放弃什么业务'这个问题都会让公司里的人不舒服。"鉴于这个原因，采用"如果这家公司没有存在过，那会怎样"的思维模式是有必要的，这样你就能自愿地切断与旧程序、旧产品和过去的实践之间的联系。

并不是只有历史和日常工作才会阻碍公司向前发展。现实生活中各种各样的约束条件也能抑制公司的适应能力和创新能力的发展。例如，过度地关心诸如成本和预算这样的实际问题会限制创造性思维的发展。这就是为什么包括乔布斯在内的一些商业领袖会使用"如果"这类假设性问题去暂时清除现实存在的许多制约因素了。还有一个类似的方法是，鼓励一起做项目的团队反思：如果营利并非我们的目标，那会怎样？我们怎样才能以不同的方式来处理这个项目?

通过暂时清除这些制约因素，人们的想象力就会得到释放，从而发现绝佳创意，尽管这会消耗掉公司的大量资金。但是，人们也可能最终会想到一个能缩减成本的突破性方法。

相反地，采用“如果”这类问题去利用限制因素也是可以考虑的。通过激励人们去思考在极限范围内创造或实现某些事情，比如“如果我们提供价值 100 美元的服务却只收取 10 美元，那会怎样?”这就会迫使人们对现实世界的实践和设想进行反思。而有时候，幻想也能成真。正如商业顾问、达特茅斯学院的维杰伊·戈文达拉扬教授指出，印度的医院已经开发出极为便宜的外科手术方法来提供手术业务，费用仅为其他国家的一小部分，而且十分安全、可靠。在某种程度上，这是因为印度的医院受到市场压力的驱使去质疑目前外科手术费用存在的问题的结果。

A More Beautiful Question 提问练习

如果我们要与自己竞争，那会怎样?

2007 年，和许多其他杂志一样，创刊 150 周年的《大西洋月刊》也饱受广告收益下滑的折磨。出版商戴维·布拉德利（David G. Bradley）给这本杂志带来了新的编辑和商业团队。据《纽约时报》报道，这些人就像在硅谷新创一家公司一样进行了头脑风暴式的讨论，其任务就是攻击这本杂志。他们提出了这样的问题：“如果我们的目标是积极地调离杂志社内部的人员，那我们会做些什么？”答案是：他们在数字化的前沿做了一次重大尝试。在了解到新闻聚合正在扼杀杂志时，他们开始拿出自己的“撒手锏”，即 The AtlanticWire.com、The AtlanticCities.com 以及 Quartz 等一系列网站。他们逐渐对先前独立的数字部员工和印刷部员工进行整合，终结了访问 Atlantic.com 网站的付费墙，甚至正式地将“月刊”从杂志的名字中去掉。到 2012 年年底，网站访问量飙升了 2 500%，利润翻倍。这也是该公司在最近几十年里的首次盈利。而他们其实只是充分利用了公司的内部资源，并不断地寻求外部潜在的发展机遇，取得的成绩恰恰是得益于这次伟大的决定。

重视事业胜过重视经营底线

随着逐渐摆脱约束并且大胆想象诸多可能性，有些公司可能会考虑一些更具挑战性的问题：一家公司能否把自身的业务转化成一项事业呢？为什么它们想这样做？

在某种程度上，第二个问题的答案跟客户与公司之间的关系中的新动向有关。由于互联网和社会化媒体的存在，人们比以往更多地了解到有关公司和品牌的信息，也比以往更关心公司的状况如何、公司的价值观是什么、公司代表了什么等一系列问题。

公司员工同样也比以往更关注自己与公司之间的关系。尤其是年轻的员工，他们希望加入那些与自己的原则和价值观相似的公司，或是那些致力于善行的公司。咨询公司“皮尔观察”（Peer Insight）的首席执行官蒂姆·奥格尔维（Tim Ogilvie）说：“现代员工并非只看重公司付给他们的薪水。他们表示自己想做一些真正想要去做的事情。”因此，如果一家公司希望能具有某种象征意义，而非仅仅代表它生产出或售卖的东西，那么这家公司就需要与客户和内部员工建立更深层次的联系。

山下凯斯说，公司可以通过提出问题来找到它们想要从事的事业，比如“这个世界最需要的是什么？”要回答这个问题，你可能需要做一些情景分析——暂时撇开公司经济膨胀的泡沫而去花时间了解客户的需求，从而发现客户真正在乎什么和他们对什么有热情。另外，你还需要弄明白是什么使客户不去购买你的公司的商品或服务，这是你需要解决的诸多难题之一。而到了你能大幅减少那些难题给你造成的麻烦时，外界就不会认为你的公司只考虑挣钱了。

例如，以美国为根基成长起来的帕尼罗面包咖啡连锁店（Panera Bread，以下简称帕尼罗公司）。帕尼罗公司首席执行官罗恩·谢赫（Ron Shaich）声称，随着公司开始寻求在社区里扮演更有意义的角色，他们发现了一个与其能力和资源都十分契合的问题。谢赫曾在一次与他人的交谈中提出了这个问题：“这个世界最需要的哪样东西是只有我们才能够提供的？”

谢赫表示，他在花了一段时间思考这个问题后，按照自己的方式给出了答案——帕尼罗关爱餐厅（Panera Cares），这是他创办的一家“按你的喜好或自身经济能力支付”的面包咖啡连锁店。在这家餐厅里，顾客只需支付他们希望支付的价格，或他们负担得起的价格（基于建议募捐的钱数）。除此之外，这家连锁店与其他餐厅无异。

虽然许多餐饮店都在销售新鲜烘焙的面包，但帕尼罗公司一直给有需要的人提供没卖完的面包。数年来，该公司一直在给社区捐助食物储藏室。然而，进行慈善活动（许多公司都在做的事）和将慈善当作一项事业之间是有区别的。“我们开始思考我们还能做什么，”谢赫说，“我想把我们的主营业务都放在这条线上。”有些事情也随之越发清晰：帕尼罗不仅提供面包赠品，而且还给那些饱受饥饿之苦的人们提供良好的用餐体验。用谢赫的话讲，这种额外投资就是“把主营业务都放在这条线上”，这不仅让公司为慈善事业付出更大的努力，也让它的行动明显区别于其他公司的慈善项目。

第一家帕尼罗关爱餐厅大概在 2012 年开张。2015 年，帕尼罗共有 5 家店，它们一年服务的人数已经超过了 100 万人次。

谢赫指出，当帕尼罗公司正设想怎样发展帕尼罗关爱餐厅并将其付诸实践时（他自己也在第一家餐厅工作），公司内部做出了许多艰难的抉择，以确保整个计划的完整性。比如，公司决定提供一份完整的菜单而不是限定的菜单，在餐厅里放置捐助箱而非收银机。谢赫担心使用收银机可能会给顾客在付款时造成心理压力。谢赫说，在每一个环节上，公司都必须问："我们想在这一环节中走捷径吗"或者"我们这样做对吗"。

正如皮尔观察公司的首席执行官蒂姆·奥格尔维注意到的，忠实某项事业往往需要做出艰难的决定，有时还需要做出牺牲。奥格尔维举出全食连锁超市（Whole Foods）的例子，"当你到了不能同时满足于公司的经营底线和事业的发展要求的境地时，这两者总有一个会受到影响"。在这家连锁超市找到一家进行人道主义式捕捞的供应商之前，它果断地决定长期停售活龙虾。**"这是一项艰难的抉择，但当员工发现你重视事业胜过重视经营底线时，他们就会相信这家公司，甚至是这项事业。"**

营销者在创造一项事业的过程中，面临的挑战之一便是，当他们习惯说自己正为了某些事而奋斗时，就很少朝相反的方向走，也很少问自己："我们正在抵制什么？"巴塔哥尼亚公司在部分程度上反对过度消费，当它思考"如果不让消费者从我们手中买东西，那会怎样"的问题时，它就是在冒险。

最后，巴塔哥尼亚公司决定冒着损失销售额的风险去支持一项更大的事业，并且以广告的形式呼吁人们不要去买它的衣服，或者至少如果人们没有实际需要，就不要买它新生产的夹克衫。巴塔哥尼亚公司首席执行官凯西·希恩表示："这些广告只是呼吁人们去质疑自己的消费理念，并要留心他们购买的材料。"尽管巴塔哥尼亚公司发出的是一个具有极高风险的信息，但希恩表示，这实际上会帮助品牌获得市场份额，因为可以吸引更多的消费者，而消费者们可能会格外钦佩巴塔哥尼亚公司在广告中所倡导的立场。

A More Beautiful Question 提问练习

怎样让人们更频繁地喝饮料?

当杰弗里·邓恩（Jeffrey Dunn）还是可口可乐公司的首席政行官时，上述这个看起来并不吸引人的问题对可口可乐公司的软饮料市场却是极为重要的。当然，这个问题对其他饮料公司也非常重要。作家迈克尔·莫斯（Michael Moss）透露，那时整个快餐行业都把注意力放在怎样提高盐、糖和脂肪的含量过高的食物的销量上。与此同时，美国的肥胖症患者却越来越多。今天，作为胡萝卜和果汁制造商"博特农庄"（Bolthouse Farms）的管理者，邓恩致力于生产更加健康的产品。"博特农庄"率先将当地培养的"小胡萝卜"引入市场，但它不想浪费那些畸形胡萝卜。于是，该公司提出了自己的问题："如果把那些畸形胡萝卜削皮并切成规则的迷你胡萝卜，那会怎样？"在"博特农庄"，邓恩一直提倡将小胡萝卜做成脆脆的零食，而这也回答了他提出的新问题："如果我们像卖垃圾食品一样卖小胡萝卜，那会怎样？"

为员工创造做实验的安全空间

在日常的商业事务中，比如产品开发，提问也起到了重要作用。正如埃里克·莱斯指出的那样，检验新想法是否有效是非常重要的。莱斯相信，如今的企业需要提出的最重要的问题之一就是“我们怎样才能更好地“做实验”对于很多想要“制造产品”的管理者来说，这无论如何都是违反直觉的，因为他们不想“做实验”。但是，正如莱斯指出的，每当你在做任何一件从未做过的事情时，“都是在做实验，无论你是否承认。因为没有事实证明这件事能行得通”。

那么，企业怎样在不断地做实验的过程中变得更好？莱斯说：“起初你需要承认：‘我们在所有的不确定中持续运转，制造一款产品或做任何其他活动的目的就是为了做一次实验，以此减少这些不确定’，这就意味着企业不需要问‘我们将要做什么或将要制造什么’，而应该问‘我们将会学到什么’，然后，你就需要回顾最小可行性产品，看看自己能否从中学到很多东西。”

莱斯强调，在接触到有关“精益创业”理念的更多复杂方法之前，仅仅让自己去设想一下“我们将会学到什么”，就能发现世界变得大不一样了。首先，这个问题能帮助你开启创造力，而这些创造力其实早已经在你的公司里存在了。莱斯表示：“许多公司有丰富的想法，但是他们不知道怎样才能确定这些想法是否奏效。如果你想要从这些想法中有所收获，那么就要允许员工做更多的实验，这样他们自己就能发现问题的答案了。”

A More Beautiful Question 提问练习

你的网球是哪一个？

德鲁·休斯敦（Drew Houston）是在线存储服务提供

商 Dropbox 的创始人，他认为所有想要成为企业家的人都应该努力解答“你的网球是哪一个”这个问题。按照休斯敦的话来说，“最成功的人往往痴迷于解决一个对他们来说非常重要的难题。而这些最成功的人使我想起一只总是追着网球跑的狗”。如果你想提高自己的预期，“那就找到你的那个网球，也就是那个推动你不断前进的事物”。贝宝联合创始人彼得·蒂尔（Peter Thiel）认为，通过向自己提问题，企业家就能挖掘出自己所追求的想法，比如问自己“几乎没有人会同意我所相信的事情吗”。如果自省不起作用，那么你就需要尝试环顾四周。布赖恩·斯派利（Brian Spaly）是服装行业的连续创业家，他建议：“无论何时，当你遇到令自己失望的服务或顾客体验时，都要思考一下：‘这个问题是我能解决的吗？’”另外，不要仅盯着只与利益有关的问题，比如“顾客会为此埋单吗”。新创公司顾问戴夫·卡什（Dave Kashen）认为，对任何新的挑战提出一个好问题会让人们的生活更有意义。

蒂姆·奥格尔维指出，公司能给员工创造一个测试其想法和做实验的安全空间也是很重要的。为了创造出这样一个安全空间，公司需要能够回答“我们的‘培养皿’在哪儿”这个问题。

实际上，这个问题是在问：在公司里的什么地方提出尖锐的问题比较安全？奥格尔维说：“作为一家知名企业，尽管你们已经实现了对现有客户做出的所有诺言，但你们必须持续专注于这一点。”因此，这个问题就变成：“在一家企业里，你能在哪里探索那些可能威胁到企业的业务状况的有些离经叛道的问题，而不会干扰到你现在正在做的事情？”

奥格尔维说，公司领导者需要“对实验做出许可并签署某种同意条款”。这意味着，公司要给那些探索新问题的人提供时间和资源以及方法。比如，提供讨论“我们怎样去做”这一类的提问会议以及投入市场进行实验的机会。这也意味着，公司应该在其所属的商业领域布置“警戒线”—— 一条存在于核心业务部门和创新孵化部门之间的清晰可见的线。这样的话，这两个部门就可以相互影响了。

奥格尔维表示，换一种说法，这个问题就可以表达为：我们的公司能否重新成为一家新创企业？出人意料的是，他认为这是任何一家新创企业都应该问的问题。“新创企业不顾一切地想成为一家老公司，”奥格尔维说道，“他们非常担忧自己的收益会滞后、盈利会滞后，并且很快就会放弃只有新创企业才拥有的那些美好的事物。一旦新创企业实现了自己的目标，他们很快就会开始想：‘经过不懈的奋斗我们已经完成了这些目标’。”这一切意味着，他们已经从原来的“培养皿”中长大，可能需要一个新的“培养皿”了。

告别头脑风暴，开始问题风暴

在今天的商业世界中，人们对头脑风暴的评价褒贬不一。头脑风暴逐渐被我们理解为人们倾向于在非正式的、放松的情境中进行创造性思考，尤其是通过连接性提问想出一系列新鲜的见解或将一些事物随机关联在一起。

事实上，一次头脑风暴会议与上面描述的这种情况却往往是背道而驰的：人们被困在一间屋子里，绞尽脑汁地思考新颖的想法。“在这种场景下，人们需要承受巨大的压力，也会深受团队中其他人的影响。”德布拉·凯（Debra Kaye）这样说道，她是《红线思维》（*Red Thread Thinking*）

一书的作者。“在头脑风暴会议中，你很难进行自由联想，因为你通常会受到来自同伴压力的禁锢，而且别人的回应也会干扰你的想法。”

许多企业仍然不愿意抛弃头脑风暴这种方式，因为他们认为，对一支团队来说，能够处理挑战是至关重要的。**在解决问题的过程中，合作思考很关键，因为合作可以将持有不同观点和具有不同学科背景的人汇聚在一起，尽管我们认为，创造力有时需要在孤独中产生**。伟大的科学家尼古拉·特斯拉曾说：“独处时就是思想萌芽的时候。”但是，我们也要明白，当人们将彼此的观点和想法进行交换时，他们的创造力就会得到释放。

至于怎样摆脱头脑风暴带来的不利影响这个难题，解决办法之一可能就是转变头脑风暴的性质，让它变成一种尽可能多地产生问题而非产生想法的形式。而在教育领域和商业领域的许多团队和个人的身上，我找到了一些与此相关的有趣发现。

正确问题研究所致力于教学生通过提出问题来处理难题，而非通过提出解决方案来处理难题。它发现，许多学生（无论是孩子还是成人）使用“问题风暴”（question-storming）的方法似乎都能更自由且更具创造性地进行思考。“问题风暴”方法的重点是提出问题。正确问题研究所的丹·罗斯坦认为，在这种新形式中，在传统的头脑风暴中出现的一些来自同伴的压力反而减少了。这是因为人们对答案的评判要比对问题的评判严苛得多。

提问的力量

A More Beautiful Question

赫尔·葛瑞格森一直在研究“问题风暴”在一些大公司中的有效性。他发现，这种形式要比传统的头脑风暴的效率高得多。“常规的以得到想法为目的的头脑风暴常常会碰壁，因为我们的想法是有限的，”葛瑞格森如此说道，“而这部分源于我们自己提出了错误的问题。”当一支团队中的成员针对某个问题争得不可开交时，他们会发现“自己已经无处可去，被困住了”。葛瑞格森说：“此时就是退一步并进行‘问题风暴’的完美时机。”

葛瑞格森特别建议，团队成员需要针对要“被风暴”的难题提出至少50个问题。当人们把这些问题写下来和他人分享时，“团队的其他成员就会集中注意力思考，并想出更好的问题”。在通常情况下，人们想出一个问题比想出一个点子更容易。这是因为当我们谋求想出一个问题时，不必凭空设想出一个解决方案，或者用一种难以捉摸的方式将诸多想法整合在一起，而只需要从一种稍微不同的探究角度来聚焦一个难题就足够了。

在观察了全世界100场“问题风暴”会议后，葛瑞格森注意到了一些共同的模式。“在提出大约25个问题后，团队成员可能就会稍微停一会儿，并且说‘这些问题足够了’。然而，如果在这个基础上再推进一下，当你得到50个甚至75个问题时，一些非常棒的问题可能就会随之出现了。”

正确问题研究所提出的“问题风暴”方法不太注重问题的数量，而这种方法通过“将闭合式问题开放”以及将“开放式问题闭合”的方法，能迅速“改善”整个团队面临的问题。当公司决定通过团队讨论的方式来解决问题时，关键在于将那些非常棒的问题融合在一起。通常，我们利用头脑风暴就能直接找到一个重大问题。虽然许多想法在会议中被抛了出来，但人们往往不知道怎样筛选出绝佳想法。然而，筛选出好问题对团队来说却更为简单，因为它们具有吸引力，能够激发人们的兴趣，使人们想要努力解决这些问题。正确问题研究所建议，在一次问题风暴会议中，一家公司需要产生3个非常棒的问题，而这3个问题是公司希望在未来需要继续探索的。

与头脑风暴相比，“问题风暴”可能更切实际、更让你有所收获。**采**

用“问题风暴”方法的目标不在于在一场会议中得出“答案”，而在于在会议中找到一些值得进一步进行探究的问题，至于这些问题则可能会给你提供方向和动力。

当今，一些位于所在行业前沿的公司正尝试重塑头脑风暴，在考察这些公司的重塑方式时，我发现了一种有趣的趋势：它们使用的是一种仅使用 3 个单词的特殊的提问方法——我们、怎样、才有可能……（How might we?）这是一种可以确保那些想要成为创新者的人以最佳措辞提出正确问题的简单方式。其拥护者表示，它既非常有效，也能检测出一个以最佳措辞提出的正确问题在激发创造性思维和自由协作方面的作用如何。

当企业试图进行创新时，他们通常都会谈论自己面临的挑战，但使用的却是抑制创新而非鼓励创新的语言，商业顾问米恩·巴萨德如此认为。在过去 4 年内，巴萨德在大量企业中讲授“我们、怎样、才有可能”这种提问方法。巴萨德解释说：“起初，人们可能会问‘我们可以怎样做这件事’或‘我们应该怎样做到那一点’但是，一旦你使用‘可以’和‘应该’这些词语，你的措辞中就会隐含一种判断：我们真的可以做这件事吗？我们应该做这件事吗？”巴萨德还说，通过将“可以”和“应该”替换成“可能”这个词，“你就能延迟做出这种判断，更自由地进行选择，进而发现更多的机遇”。

蒂姆·布朗是 IDEO 公司的首席执行官，他表示，当他的公司面临各种设计方面的挑战时，公司起初总会问：“我们、怎样、才有可能……”布朗注意到，在这个短语中，每一个词在刺激人们想出创造性的解决方案的过程中起到了一定的作用。布朗说：“‘怎样’这个词假定了解决方案的存在，它提供了自信心。‘可能’是指，我们提出的想法可能可行，也可能不可行——无论是哪种情况，都可以。而‘我们’则是指，我们基于共同的想法一起去做这件事。”

A More Beautiful Question 提问练习

尼尔·帕特里克·哈里斯将会怎样做?

营销公司 M Booth 的高级副总裁安德鲁·罗西（Andrew Rossi）发现，在头脑风暴会议中激发人们的创造力的一种方法是，让团队中的成员从不同角度去思考他们正努力解决的难题。比如，如果一家公司推出了一款新牙膏，他们可能会问：宜家家居将怎样处理类似的挑战？另一种方法是，在会议中增加一条奇怪的限制，比如如果你的想法必须涉及闪电约会，那会怎样？罗西的团队有时会提议大家要以一位知名艺术家或表演者的视角来提出问题。比如，美国嘻哈歌手、企业家杰斯（Jay-Z）在这种情况下将会做什么？J. K. 罗琳会如何想这件事？尼尔·帕特里克·哈里斯（Neil Patrick Harris）将会怎样做？哈里斯一直被公认为是“演员、歌手、舞者、制片人、导演、作家、邪恶天才和魔法狂热分子”，所以他可能会做任何事。

尽管“我们、怎样、有有可能……”方法在 IDEO 公司盛行了许多年，但这种方法是西德尼·帕内斯（Sidney Parnes）在 50 年前提出的。当时，帕内斯是知名的创造力专家，主管纽约州立布法罗大学的创造性解决问题研究所（Creative Problem Solving Institute）。20 世纪 70 年代，巴萨德在宝洁公司任创意经理期间，曾在创造性解决问题研究所做过研究，那时他就采用了帕内斯的头脑风暴理念来帮助宝洁公司的市场营销人员解决问题。当时，这些营销人员正由于宝洁公司的产品与高露洁公司广受欢迎的新肥皂的竞争而陷入茫然。高露洁公司的这款肥皂叫“爱尔兰的春天”，它呈绿色条状，公司宣称这款肥皂有“提神”的作用。

在巴萨德被邀请协助这个项目时，宝洁公司已经测试了六七种模仿“爱尔兰的春天”制造出的绿色条状肥皂，但没有一款可以将其打败。巴萨德向宝洁公司的项目组指出，他们提出了一个错误的问题——“我们怎样才能做出更好的绿色条状肥皂？”随后，巴萨德让他们提出一系列更具野心的“我们、怎样、才有可能……”问题，最终他们提出的问题是：“我们怎样才可能创造出令人感到更为清爽的肥皂？”而正是这个问题打开了宝洁公司员工的创造力水闸。在接下来的几个小时，他们针对可能制造出的提神肥皂产生了上百个想法，最后该项目组围绕“在海岸上寻找具有提神作用的物质”这一主题整合了彼此的想法。于是，宝洁公司后来推出了一款滨海蓝色和白色相间的条状的肥皂产品，名为“海岸”，这一产品逐渐发展成为一个极其成功的品牌。

正如“海岸”肥皂的故事给我们的启示，“我们、怎样、才有可能……”方法给人以更多的发挥空间。巴萨德将这个流程扩大，指导人们提出正确的“我们、怎样、才有可能……”问题，其中就包括大量的“为什么”这类问题，比如“为什么我们一定要制造出另一款绿色条状肥皂”。另外，他力劝宝洁公司的项目组，不要一直困扰于竞争对手的产品的外观，而要退一步进行思考。对于消费者来说，购买宝洁公司的产品与它是否是绿色条状没有关系，只跟它是否能提神有关。

巴萨德坚持认为，有些公司花费很大的力气提出的问题却是错的，或一直努力解决的问题是错的，这都是再平常不过的事。“大部分企业家总是在‘发现问题’或界定问题上力不从心，”他说，“这是因为 MBA 课程是不会教他们这些的。”为了填补 MBA 课程的这个缺陷，巴萨德开了一家咨询公司，叫作“巴萨德应用型创造力”（Basadur Applied Creativity）。该公司开发了旨在为企业创造性解决问题的单一程序，而“我们、怎样、才有可能……”提问方法就是该程序的核心。

渐渐地，巴萨德将“我们、怎样、才有可能……”方法推广到宝洁公司之外的其他公司，其中包括科技公司 Scient。Scient 公司拥有许多巴萨德理念的拥护者，设计师查尔斯·沃伦（Charles Warren）便是其中之一。当沃伦跳槽到 IDEO 公司时，他也将这种方法介绍给了这家公司。IDEO 公司首席执行官蒂姆·布朗坦言，当他接触到这种鼓励企业家提问“我们、怎样、才有可能……”的理念时，“起初对此持怀疑态度，它听起来有一点像加利福尼亚人的做法”。然而，不久以后，IDEO 公司就在全公司召开“问题风暴”会议，在会议上有 700 多人一起提问题。

当沃伦从 IDEO 公司跳槽到谷歌时，这种具有“传染性”的“我们、怎样、才有可能……”方法又找到了新的“主人”。在谷歌，沃伦领导着用户体验设计团队，当时该团队在创建谷歌 X 实验室的过程中遇到了一些挑战。他说：“我们每天都会提出‘我们、怎样、才有可能……’这类问题。”在谷歌，这些问题能囊括所有范围，从“基于搜索查询，我们怎样才可能预测一场即将爆发的流感”到“我们怎样才可能帮助更多人对于在社会化媒体上分享自己的生活状况感到很自在”。最近，谷歌 X 实验室的一个成员将“我们、怎样、才有可能……”方法从谷歌带到了 Facebook。

“我们、怎样、才有可能……”方法的支持者表示，这种提问方式可用于应对几乎所有的挑战，而它尤其在应对那些难以克服的挑战上最为有效。布朗表示，这种方法对那些太过宽泛或太过狭窄的问题没什么作用，比如我们怎样才可能解决全球饥饿问题？我们怎样才可能在下一季度增加 5% 的利润？找出最正确的“我们、怎样、才有可能……”类的问题需要一个过程，布朗说：“因为你需要找到那个好问题。”

答案不是最终追求

戴夫·帕特奈克是跃升创意策略公司的顶级商业顾问，他说："当今，公司领导者必须做的最重要的事是成为他所在公司的'首席提问者'。"对此，帕特奈克还补充了一条忠告："大多数领导者首先需要意识到的就是，他们在提问题方面表现得很糟糕。"

你不需要对此感到吃惊。帕特奈克指出，大多数公司主管都是从普通员工晋升上来的，因为"他们善于给出答案。但这也就意味着，他们在形成问题上几乎没有经验"。他们习惯于提出较为实际的问题，比如"这会花费我们多少钱""谁对这个问题负责""这些数字看起来怎样"或者，类似于帕特奈克喜欢的一个愚蠢问题："我们的平板电脑是什么版本的？"

这种以事实为答案的实际问题确实具有意义，它能帮助企业运营良好，但在领导企业方面价值不大。亚当·布赖恩特（Adam Bryant）为《纽约时报》的"角落办公室"栏目撰写专栏文章，该专栏的特色是每周采访一位商业前沿的首席执行官。他表示，那些优秀的领导者明白，提出开放性的、能进一步探索的问题能帮助他们发现将要面临的挑战和新机遇，这样他们就能在新的方向上领导公司。帕尼罗面包咖啡连锁店的首席执行官罗恩·谢赫观察到："当你正领导一支团队、一家新创企业或一家上市公司时，你的主要职责必定是发现未来。而一个引人注目的问题甚至是破坏性的问题，就可以成为你探索未知领域的指南针。"

对于一些企业领导者来说，提问的难点在于，它会毫不留情地暴露出领导者缺乏专业知识的缺陷。在理论上，这就会让他们感到受挫，从而不愿再提出任何问题。然而，正如葛瑞格森和克里斯坦森的研究结果显示的，今天许多极为成功的首席执行官们都是一位专家级的提问者，这一点似乎就能推翻上述理论。尽管如此，从古至今，人们都认为，企业领导者必定是无所不知的、果断的、有一贯正确的“直觉”的，而所有这些特质几乎没有给提问留有余地。

兰迪·科米萨是硅谷一位资深的风险投资人，他表示，优秀的企业领导者和企业家对于“答案”有着与此不同的态度。“他们明白，答案是相对的。即便你现在有一个正确答案，它也会变。”

因为改变是一种常态，对于今天的企业领导者来说，如果他们愿意坦然面对改变，甚至想拥抱改变，那么提出模棱两可的问题就是关键所在。商业顾问布赖恩·富兰克林（Bryan Franklin）注意到，一位卓有成效的领导者可能在做决定时不够果断，因为他们不得不考虑当前市场中存在的一些矛盾力量和悖论，他们常常发现自己“站在看起来自相矛盾的事实的交叉点上”。比如，他们需要考虑怎样平衡企业的经济效益与社会责任之间的关系，以及当企业的产品种类相对单一时怎样丰富产品线等问题。

按照麻省理工学院领导力中心（MIT Leadership Center）负责人德博拉·安科纳（Deborah Ancona）的说法，面对一些格外复杂的事物，领导者需要有某种“意会能力”。安科纳将此能力定义为，“在一个不断改变且复杂的环境中搞清楚正在发生什么的能力”。她认为，要具有这一能力，领导者就必须能跳出自己的假定，引入大量新信息，并弄明白怎样将这一切应用于企业中，有时做到这一点就需要通过不断地“做实验”。因此，大量的“为什么”“如果”和“怎样”等类的问题也就会随之出现。

企业领导者不需要独自提出这些问题，当然也确实不应该这样做。**戴夫·帕特奈克表示：“要成为一位提问型领导者，你需要了解的最重要的一件事就是，并不是所有的问题都必须由你自己提出。”**如果企业领导者准许其他人提问，并鼓励他们去提问，那么他们就能贡献出一系列观点，从而帮助其筹集大量“为什么”和“如果”这两类问题，而这些问题可能永远都不会由处于最高层的人提出来。

提问的主要源泉可能也应该来自企业之外，来自那些与企业保持一定距离的人，因为他们能作为一个天真的局外人对企业提出疑问。

A More Beautiful Question 提问练习

为什么不是每个人都乐意接收信用卡支付?

杰克·多西（Jack Dorsey）是 Twitter 的联合创始人。他认为，企业领导者应“质疑一切”。他的一位朋友——玻璃设计师吉姆·麦凯尔维（Jim Mckelvey）因为无法接收一位潜在顾客使用信用卡支付而损失了 2 000 美元的销售额。了解到这件事后，多西想知道，为什么只有公司能接收信用卡支付？于是，多西跟麦凯尔维合作，期望能制作出便于使用的读卡设备，以替代目前笨拙且昂贵的读卡设备。多西想：“如果刷信用卡时需要的只是一部智能手机或一台平板电脑，那会怎样？”而怎样让该想法变得可行呢？多西和他的新创公司 Square 的设计师们设计出了一个小的塑料塞，它很容易就能插进手机听筒塞口，起到读卡器的作用。他们还设计了一个通过 App 操作的干净、直观的用户界面。最终，一个高度简洁的 Square 就诞生了。多西认为，好的设计就是通过不断地提出问题，从而将那些不必要的功能移除。比如，我们真的需要这个吗？我们能把什么去掉？

传奇商业领袖彼得·德鲁克（Peter Drucker）就是以局外人的视角来观察各家公司的，这种视角使他能够看到公司内部人士没有意识到的一些难题和问题。里克·沃兹曼（Rick Wartzman）是德鲁克研究会（Drucker Institute）的执行主管。他表示，人们常常想知道，德鲁克为什么会被誉为“管理发明人”，以及他如何能为通用汽车、宝洁和可口可乐等诸多公司提供指导建议长达半个世纪的时间。而答案可能就是：问题。

按照沃兹曼的说法，德鲁克“明白自己的工作不是为答案服务的”。德鲁克曾声称，他最大的长处是“发现自己的无知之处，并对此提出一些问题”。这些问题通常表面上看起来很简单，比如“谁是你的客户”“你正在做什么生意”等。那些雇用德鲁克的客户可能一开始都很期待这位神奇的顾问能给他们所有的问题提供明智的解决方案。但正如他对一个客户所说的，“答案必须是你自己的”。

今天，许多顾问并没有遵循德鲁克的工作模式，他们更习惯扮演专门提供答案的“专家”。作家丹·艾瑞里（Dan Ariely）在《哈佛商业评论》上指出，企业领导者往往更喜欢别人能针对问题给出答案，“因为答案让我们能够采取行动，而问题却意味着我们仍然需要继续思考”。但是，德鲁克明白，一位正在观察你的公司的局外人可能永远不能像你那样对公司有着深刻的理解。因此，局外人一般不会告诉你去做什么，而是促进你从一个不同的角度来进行思考，挑战你自己的假设，重新架构旧问题，并提出一系列更好的问题。这样一来，你就能自己想出解决方案了。

尽管企业领导者可以向企业外部人士寻求提问方面的帮助，但是某些核心的领导力问题只能由企业内部人士解答。在美国顶级办公家具公司世楷公司（Steelcase）的首席执行官吉姆·哈克特（Jim Hackett）刚刚执掌公司时，他一直纠结于一个问题，那就是作为企业领导者的他应该是怎样的？他想知道，一位首席执行官看起来是什么样的；感觉上像什么样的人，以及他被期待成为的那个角色的本质是什么。

起初，哈克特把注意力放在了一些错误的问题上。他过度关注其他人想要的或那些人期待从他身上得到什么，尤其他的家庭正掌握着公司的大权。但是，他逐渐总结出，作为一名企业领导者，他理应去“观察混乱，指导整个公司接下来要去做什么事”。**如今，他坚持认为，企业领导者能做的最重要的一件事就是提出一个清晰且与众不同的视角，以便其他人能够照做。**而一旦得出这种清晰的视角后，企业领导者经过深刻反思和持续提问，就会不断调整这一视角，他们也就能借此看透公司的状况。

哈克特告诉我，他相信这种深度思考在今天的商业环境中是一种“遗失的艺术”。他说：“在这个环境里，人们往往只重视‘把事情做好’。很长时间以来，我一直问自己这样一个问题：‘怎样平衡思考与行动之间的关系？’”

在世楷公司，哈克特努力强调，在采取行动之前要进行批判性思考、不断提问，他甚至还专门教授过此类课程。他说：“我们必须训练自己提问题的能力，也必须严格要求自己去提问题。”

一位提问型企业领导者必须做的一件最关键的事便是，找到激发和鼓励其他人提问的方法，就像哈克特在世楷公司所做的那样。你可以采取各种各样的方法在一家公司发展出一种鼓励提问的文化。但是，要做到这一点，在某种程度上，就需要依靠企业领导者与员工之间的互动。卓有成效地提问型企业领导者不会只给其他人答案，或者通过询问的方式从其他人那里要求得到答案，而会使用“苏格拉底式”提问方法，以鼓励其他人进行更深层次、更具创造力的思考。

企业领导者也必须知道应该何时停止提问。“你不必总是提出很多问题，因为当你开始关心怎样推进问题的解决时，会有许多不同的潜在答案随之产生，”巴塔哥尼亚公司的首席执行官凯西·希恩如此说道，“提问非常关键，但是在某种情况下，当你认为自己已经找到最佳解决途径时，你就必须采取行动。”怎样才能知道应该何时停止提问，进而开始行动呢？希恩声称：“大多时候，我会依靠自己的直觉对此做出判断。作为一位领导者，在某种情况下我会感到很受挫，然后我就会说：‘让我们开始行动吧！’”

给使命宣言打个问号

哲学家伯特兰·罗素曾说过：“对一切所谓理所当然之事投以怀疑的眼神是一种正确的做法。”所以，让我们把这句话用到企业的使命宣言中去吧，企业的使命宣言常常会被人们忽视，偶尔还会遭到嘲笑。如果我们仍然使用典型的使命宣言，但是在宣言的结尾画上问号，让它成为一个问题，那将会怎样？

首先，让我们来考虑一下，为什么一家企业会想要设定使命宣言？那么，让我们先假设一个宣言式的“声明”会让企业看起来更自信，更加确信其使命，也更坚定其信念。但是，使命宣言往往会产生相反的效果。它们通常听起来很傲慢，让人们难以相信。看起来又总像是充满了“企业的”和“官方的”辞令，这也意味着它们有一点呆板。其次，企业的使命宣言常常是平庸的公告（比如“我们帮他人省钱，以便他们能生活得更好”），或者是存在有争议的声明（比如“雅虎是数字媒体公司中的先驱”），在衡量一家企业是否真的会实现更远大的目标方面，这些声明不会给你提供任何实质性的帮助。

有时，这些声明听起来就好像企业已经完成了其使命一样，但事实上企业当前只处于一种正在履行使命的阶段。

在如今这样瞬息万变的时代，把静态的使命宣言转化成一些更开放的、变化的使命问题似乎非常适宜，而这些问题仍旧可以体现出企业的雄心壮志。比如，可以把“我们通过机器人让这个世界变得更美好”这句话转换成“我们怎样才能通过机器人让这个世界变得更美好”。

通过将企业的使命用一个问题来清晰地表达出来，就会让外界知道，“这就是我们为之不懈奋斗的事情，尽管还未实现，但我们正在奋斗。”这种表达企业使命的方式就承认了可能性、变化和适应性的存在。米恩·巴萨德表示：“我希望企业的使命宣言能以‘我们、怎样、才有可能……’这样的字眼作为开始。你不想让使命宣言听起来好像你已经完成了一样吧。如果我们说：‘我们怎样才可能被认定为是最好的汽车零部件制造商？’那么想要表达的意思就是：‘我们一直在努力，并愿意采取完成这一使命的新方式。’”

提问的力量

A More Beautiful Question

最重要的是，一个使命问题能汇集众多参与者和合作者。蒂姆·布朗指出，问题会向人们发起挑战，并邀请他们围绕一种理念或一个难题进行思考并采取行动，所以问题也能吸引员工去履行企业的使命。如果企业领导者希望所有员工都能履行使命，那么我们就应该把完成企业的使命看作是一种共同努力的结果，一种针对重要问题或大家共同提出的问题而进行的解答。

许多企业的使命宣言都会在某种程度上代表企业的一些主张，但这个使命宣言怎样反映出一家企业的状况呢？一家正奋力解答一个代表其雄心壮志的问题的企业与一家宣称已经解决了任何难题并在此基础上设立“使命宣言”的企业，哪一个更令人钦佩？

A More Beautiful Question 提问练习

如果书店能够像夏令营一样，那会怎样？

最近几年，许多当地书店都面临着严峻的挑战。史蒂夫·伯库（Steve Bercu）是位于得克萨斯州奥斯汀市书人书店（BookPeople）的老板，大多数像他这样的独立书商都在提出一些基本的问题，诸如“我们能提供哪些亚马逊提供不了的服务？”针对这个问题，伯库给出了一个答案：专门面向孩子们的夏令营。书人书店的一名员工发现，青少年非常喜欢“波西·杰克逊（Percy Jackson）系列”丛书。于是，他想，书人书店是否能创造一种现实版的“混血营”①，因此他便开始尝试用夏令营的方式让孩子们聚在一起读书。由于伯库不知道该怎样开展夏令营活动，所以他只好在当地公园里找一个地方来举办各种户外活动，其中就包括读书交流活动。这个计划非常受欢迎，为了能让自己的孩子加入这个夏令营中，家长们往往要排几个小时的队。最终，这种夏令营活动产生了极佳的效果，帮助伯库的书店赢得了很好的名声，也使得店里的许多书都变得非常畅销。

无论企业的使命宣言是否会被浓缩成一个问题，它都需要经受持续不断的质疑：

- 在今天，企业的使命宣言还有意义吗？
- 作为一家企业，如果我们已经履行了使命宣言，那么未来我们仍能很好地履行吗？

① “波西·杰克逊系列”丛书中提到的位于地球某处神秘角落的神学院。——编者注

- 这一使命宣言正在不断发生变化吗？它是否推动公司持续向前发展吗？
- 我们都在履行这一使命宣言吗？

前三个问题是不言自明的，因此企业可能更需要考虑最后一个问题。由于使命宣言通常由高层管理人员制定，所以许多宣言读起来很死板，似乎只是将不同的词语硬凑在一起。但是，如果整家公司的人并不相信这种使命宣言会有什么效果，那它还会有意义吗？因此，若是希望让员工感到自己与公司的使命紧密相连，那么就要让员工在公司制定使命宣言或更新使命宣言时参与进来。

山下凯斯注意到，有一些公司会让员工参与起草公司的使命宣言，但另一些公司却将此丢给公司的领导者来做。他说："我认为，制定公司的使命宣言的方式并无正误之分。"**但他指出，参与起草公司的使命宣言是一种"内省"的过程，这个过程"会让人们更坚定地相信自己正在做的事情的确存在意义"。**

山下凯斯曾提到星巴克在几年前将其使命现代化方面所用到的方法。当时，星巴克首席执行官霍华德·舒尔茨（Howard Schultz）首先与公司的高层领导者一起重写了公司的使命宣言。随后，他们召集公司的 300 位高层管理人员，叮嘱他们要按照这个宣言行事。接下来，这些高层管理人员在美国新奥尔良市花了 4 天的时间传达使命，最终将这一使命传达到 12 000 多位管理人员。山下凯斯说："在设置公司的使命方面，星巴克做得很好，公司的使命最初由几名关键的领导者制定，但最后所有的员工都参与到履行使命中去。"

IBM 公司时任首席执行官彭明盛（Sam Palmisano）采用的则是一种比

星巴克更为直接的方法——提前向员工灌输公司的使命。山下凯斯回忆称，彭明盛“主持了一场世界级在线‘即兴演奏会’，以引发员工们围绕公司的使命进行思考、阐发自己的观点，员工们也在这个过程中讲述了许多有关 IBM 人的令人感动的故事”。超过 8 万名 IBM 员工参与到这场“演奏会”中，他们共同书写了公司的价值。而在现任首席执行官罗睿兰（Ginni Rometty）时期，IBM 的这一活动仍在延续。

罗恩·谢赫表示，公司的使命可能是在不经意间确定的。比如，开设帕尼罗关爱餐厅的想法就是罗恩·谢赫在与许多连锁加盟商的一次晚餐中产生的。有一位连锁加盟商问，帕尼罗公司希望怎样继续为服务社区做出努力？这就让谢赫开始思考升级公司现有的面包捐赠计划的各种方法。

无论使命问题是由公司底层人员提出的，还是由领导者自己提出的，关键在于我们要持续提出问题。比如，我们正在做什么？为什么要做这件事？怎样才能更好地做这件事？**正如谢赫所说：“弄明白自己到底应该做什么事是一段需要持续不断地探索的旅程，而问题就是我们进行探索的工具。”**

创建“好问的”文化

对企业领导者来说，需要处理的一个关键问题是：“我们怎样才能创建一种提问文化？”但在提出该问题之前，他们可能会首先产生疑问：“我们真的需要一种提问文化吗？”

山下凯斯说：“我认为，许多传统公司可能不会想构建这样一种文化。我们发现有很多公司的文化都是排斥提问的。”而这是为什么呢？因为正如戴夫·帕特奈克指出的，有一种观念认为，如果一家公司允许员工进行太多的提问，就会让公司变得松散。“自然界痛恨真空，而企业却痛恨含糊不清的不明确状态。他们想参照答案去处理事情。因此，即便他们有时明知公司内需要一种提问文化，通常也不愿意去做能形成这种文化的事情。”

在一种企业文化中，鼓励员工提出更多的问题可能会使公司内部出现混乱。如果一家公司给予员工更多的空间去质疑，就意味着这家公司的政策可能会受到挑战。现有的模式和实践方式也可能会引起员工们反思:“我们为什么要用这种方式来做这件事？”然而，并不是所有人都会去质疑已被证明可行的方法的。对一些领导者和一些中层管理者来说，当面对员工的质疑时，最让他们沮丧的就是不得不针对其提出的问题进行解释和寻找合理的借口。

如果企业中允许提问的存在，那么这就意味着有些权威人士会感觉自己受到了威胁。有些拥有专业知识的人很讨厌非专业人士质疑他们的渊博知识。而一心想推动事情发展的管理者则可能会觉得，他们不一定非要回答自己的下属提出的问题。有些人会认为，提问会让进程变慢，尤其是那些认为企业最需要的是“答案，而非问题”的人。

这种担忧固然存在，但对任何一家需要创新或者需要适应不断变化的市场环境、应对竞争和其他颠覆性力量的公司来说，培养一种提问文化非常重要，因为这种文化能促进具有创造性的、新鲜的和适应性的思维在整个组织中流动。如果公司中有一位领导者可以充当“首席提问官”的角色固然很好，但这仍远远不够。如今的许多公司都面临着一系列复杂的挑战，而这些挑战需要的是协作式的、跨学科的问题解决方式。创造性思维不仅来自公司的所有部门，也来自公司外部。**如果企业形成一种“好问的”文化，那么提问、学习和信息共享就会开始蔓延，也就会允许人们不受限制地探索出新想法。**

如果一家公司想让员工们认同一种提问文化，那么创建并滋养这种文化就必须从公司高层做起。公司领导者要清晰地表明，员工们可以提出问题而不会受到惩罚。另外，领导者还要对从公司使命到策略再到政策的一切都要提出疑问。“作为一位公司领导者，如果我想要努力创建一种提问文化，那就必须从提出很多尖锐的、颠覆性的问题开始，”赫尔·葛瑞格森说，“我必须言出必行。”

公司领导者必须愿意回答一些艰涩的问题，同时也要能够提出这些问题。在理想情况下，这些问题应该来自公司所有部门的不同级别的员工。谷歌一直坚持通过每周五的会议进行完全开放的问题讨论会，此时所有的员工都会被邀参加会议，向公司的两位创始人拉里·佩奇和谢尔盖·布林提问题。而这些问题会立即被公司的员工们投票决定是否围绕其进行讨论，最高级别的问题通常都是最难解决的且最有争议的问题，它们随后会立刻被管理层提上日程。

谷歌前首席工程师查尔斯·沃伦说：“坐在会议室里了解到公司里的任何人都能提任何问题，是一件非常令人欣慰的事。”沃伦说，那些团队管理者或项目负责人（沃伦也是谷歌 X 实验室的领导者之一）也要接受公司员工的提问。而谷歌的这种提问文化并不总是友好的。沃伦指出：“有些问题可能会针对个人或具有攻击性。”如果你开发了一款产品，但是某些人不喜欢，那么你可能就会遭受一系列的质问，比如“你为什么试图毁掉公司？”

尽管如此，谷歌传达出的信号是，公司做的任何事都是基于每名员工提出的问题。由此可见，员工提出的这些问题将会受到切实的关注。告诉员工他们可以问任何问题是件好事，但如果他们提出的问题最后只是被关在一个没人打开的“问题盒子”里，那么就可能永远也达不到预期目标了。世楷公司首席执行官吉姆·哈克特表示，如今许多公司都在使用内部社会化网络，而这一网络成了升级版的“问题箱”或“建议箱”，并且这些公司常常会因为问题而变得活跃起来。世楷公司就鼓励员工们可以对其他任何人提出问题。这种机制让哈克特或其他执行官随时都需要面对员工提出的问题。

尽管企业领导者表明他们愿意接受回答员工们提出的问题，但可能还存在着一个大问题，那就是奖励，你怎样奖励那些提出问题的员工？

埃里克·莱斯表示，当一家公司正努力创建一种提问文化时，“并不是只需把这种文化当成一种口号或利用广告进行宣传即可，而是要构建一种促进这种提问行为的体系和奖励机制。因此，作为一名高层管理者，如果你不喜欢所在公司目前的提问环境，那么你就需要思考一下自己能做些什么”。莱斯指出，在大多数公司，“资源或者会流向那些最自信且计划性最强的人，或者会流向那些没有经历过失败的人”。莱斯说，在这种情况下，公司必须将更多的预算经费拨给那些正在探索没有答案的问题的、进行有前景的实验以及明智的冒险的人。**对许多企业来说，这个想法可能比较激进，但是那些给创新铺路的“失败的实验”也应该受到奖励，尤其如果某些员工在进行实验或提问的过程中提供了有价值的见解，更应该受到奖励。**

公司领导者也应该留心观察哪些提出问题的员工由此受到了惩罚，尽管这些惩罚有时并不严厉或者是无心之举。对此，领导者应问：如果一名员工在公司里提出问题，那么他是在自找麻烦吗？

商业作家戴尔·道廷（Dale Dauten）描述了一个普遍现象，那些在工作场所提出问题的人（比如指出公司做得不太理想的事情）随后就会被告知：“因为你发现了这个问题，现在你的工作就是解决它。当然，是在正常工作时间之外去解决这个问题。”如道廷指出的那样，这会阻止人们发现并提出问题，因为大多数人并不想给自己增加工作量。

由此可见，公司领导者应该采取的最佳方法是询问这些问题发现者：他们在多大程度上会投入到解决这个问题当中以及想怎样投入其中。如果这些员工不能独自解决他们提出的问题，公司领导者也要表示理解。而若是可行的话，公司领导者还应该给他们更多的时间和支持，并且使他们即便最终不能解决这个问题，也能凭借提出问题而获得赞誉。

一般来说，人们需要很多时间去提出较难解决的问题，当然也同样需要大量时间来致力于将其解决。因此，如果总是急匆匆地完成各种事情，那么你就不能"退一步"思考。例如，谷歌非常著名的"20% 的时间"政策规定，员工可以将其 1/5 的时间分给一些独立项目，实际上就是去解答他们自己提出的问题。这项政策长期以来取得了很好的效果。谷歌几个最重要的创新，其中包括 Gmail 和 Google News，就是由那些利用自己 20% 的时间去解决"如果"类问题的员工完成的，而做这些事情都不属于他们的常规工作量。[①] 其他公司也执行了类似的规定，如领英（LinkedIn），它的"黑客日"（Hack Days）给员工提供了"一个机会，允许他们花一天的时间去做他们真正热衷的事情"。其首席执行官杰夫·韦纳（Jeff Weiner）如此说道。另外，3M 公司和戈尔公司也有与此类似的规定。

戈尔公司规定，员工应该将其工作时间中的 10% 倾注在独立项目上，这个规定已经激发员工做出了一些重大突破。该公司因创造出颇受欢迎的防水材料 Gore-Tex 而著称，有许多产品运用了这种材料，其中就包括著名的吉他琴弦品牌 Elixir。这项技术是由戈尔公司的工程师戴夫·迈尔斯（Dave Myers）开发的，而迈尔斯平日主要致力于研究医疗产品。在独立

① 曾经一项研究报告表明，随着谷歌不断发展壮大，工作繁重的谷歌员工越来越难用到这项"20% 的时间"政策了，或者说是难以合理地利用了。

项目方面，迈尔斯想知道他是否能回答“我是否能让山地车的齿轮更平滑地转动？”这个问题。最终，他开发出一种带有新式塑料涂层的自行车链条产品，而它则成为戈尔公司的一款非常成功的产品。

随后，迈尔斯进行了一系列连接性提问，他想知道：“如果我将塑料涂层涂在吉他弦上，那会怎样？”于是，迈尔斯又研发出了一款极具突破性的畅销产品，它能让琴弦更持久耐用，更不易断。当然，研发出这款产品并不是一蹴而就的，迈尔斯在长达两年的“怎样”阶段内攻克了许多技术难关才将其研发出来。如果他一直没有时间和机会从常规工作中脱身，那么他就无法探究一个有趣的问题，而这个产品也就可能永远也不会诞生了。

戈尔公司已经将提问深深地植入其企业文化之中。公司副总裁黛博拉·弗朗斯（Debra France）评论道：**“对于公司的成长来说，我们认为提问至关重要。在公司内构建一种提问文化就会使更多可能性随之产生。”**

戈尔公司被视作是世界上最具创新精神的公司之一，还因其别具特色的公司管理结构而闻名。它采用的是扁平的公司管理结构，而戈尔公司也是现今等级层次最小的大公司之一。公司创始人比尔·戈尔（Bill Gore）明白，官僚主义和等级制度不能培养提问文化，也不会促进公司内部任何开放式的交流。戈尔曾注意到，在大多数公司里，人们唯一能够自由谈话的地方就是车库。因此，他开创戈尔公司就是要努力解答这个问题：“怎样让一家公司更像一个车库？”

这家公司没有设置任何职位头衔，它拥有1万名员工，却没有一个经理。当员工初次被戈尔公司雇用时，他们往往很想知道：“谁是我的老板？”最后，他们明白了这个地方没有老板。这种公司管理结构就是比尔·戈尔所说的“网状组织结构”（Lattice），这指的是戈尔公司里一种精心制定的交流系统，它可以将每名员工与其他员工连接起来。当一个新人加入公司时，他们最初就是与一位指导人建立联系，而这位指导人“会把自己的信誉和‘网’都‘借’给新人，直到这位新人建立起自己的‘网’为止”。弗朗斯如此说道。

这种网络化、非等级制的结构最重要的作用之一便是，即便是第一天上班的员工也都是自主的。因为没有人会告诉你要做什么，你必须运用自己的提问能力（以及从指导人那里获取的帮助）去想出自己该做的事情。

在戈尔公司的网络中，交流十分自由、流畅。员工可以将自己的任何问题或想法与其他人分享。“这非常个人化，”弗朗斯说，“如果你想给某人以反馈，那么就直接告诉对方你的想法即可。”

比尔·戈尔深信提问的价值，因此他主张戈尔公司要培训每名员工学会怎样提出一个好问题——在提出能应用于测试新想法的有效性的问题上，戈尔公司会给员工提供专门的指导，让他们掌握衡量追求可能的机会或创新所具有的价值的能力，比如去问“确实有这种机会吗”“会有客户需要它吗”。同时，戈尔公司也会利用问题来改善员工间的合作方式，它将重心放在有效的提问上，为的就是让指导人能更好地指导新员工。

戈尔公司的管理结构是极不寻常的，因此很少有公司能够不设置管理者和层级。但即便是更传统的公司管理结构也能营造出一种有益于提问的文化氛围，用戴夫·帕特奈克的话来说，就是“将好奇心尊为一种基本价值”的文化。

由于好奇心和学习是相辅相成的，因此目前一些公司正在解决的一个大问题就是，“我们怎样将工作场所转变成学习场所”。

谷歌似乎在解决这一问题上又走在了前列。该公司建立了一所谷歌大学，将其作为吸引客座教授的平台，之后又制订了“从谷歌人到谷歌人”（Googler to Googler）的计划——谷歌员工在谷歌大学中开设课程教授其他谷歌员工。毫无疑问，谷歌大学开设了技术类或商业技能类的课程，但是竟然也开设了公共演讲和育儿类的课程。曾在谷歌担任过工程师的陈一鸣（Chade-Meng Tan）甚至还教授过有关“正念”的课程。而这门课程在帮助人们退一步思考，继而提出疑问方面有重要的作用。

为了在机构内创建一种学习文化，谷歌宣扬“公司即大学”的比喻说法。麻省理工学院媒体实验室则使用“实验室”和“幼儿园”这样的比喻。一些公司试图创建“沙龙”或“工作室”，还有一些公司将自己定位成“理念村庄”或“理念城市”。

一家学习型公司可能也将自己视作一场正在进行的“理念大会”，比如“如果我们每天都能在公司创造出 TED 大会的体验，那会怎样？”理查德·索尔·沃尔曼曾说，在任何团队中激发好奇心的最佳方式之一就是，尽可能多地让他们置身于众多新颖的想法和不同寻常的观点之中。这样一来，一家公司不仅会请来公司外部人员授课，而且还能让员工为其团队做类似 TED 的演讲，内容则主要集中于他们已经掌握的但其他人可能还不了解的有趣知识。

无论进行怎样的比喻，顶级的共同学习环境都有某些共通的元素。比如，请外部人士来讲课，从而激发员工的学习热情，鼓励公司内部人员互相传授知识，在布告墙上展示员工的工作状况以便能让他们进行交流，尤其在工作进程中。所有这些方法的核心都是鼓励员工向其他人提出问题并寻求反馈，以及鼓励员工间增进合作。

上述所有方法都应该包括花一些时间来传授提问技巧。如果一家公司想要鼓励员工提问，就必须教人们怎样提出一个好问题，或者告诉他们提出不切实际的问题时所需要面对的风险。

吉姆·哈克特指出，当公司内部对于激发人们提问越来越感兴趣时，就会出现这样一种趋势：公司会鼓励员工提出所有类型的问题，其中包括哈克特描述为“还未成熟的问题”，这种问题可能是没有什么实际意义的或脱离主题的。

哈克特说，公司应该鼓励员工提出“好问题”——针对公司面临的具体挑战而进行深思熟虑后提出的问题。为了这个目的，世楷公司通过一门叫作“思考 2.0”的课程培养员工的批判性思维。哈克特说：“该课程提倡人们必须学会怎样在争论中发现张力以及怎样围绕难题来形成问题。”在这门课程中，员工们需要回答许多具有挑战性的问题，比如“如果由你来运营美国邮政总局，你会做什么”。随后，这门课会指导员工围绕一些更复杂的难题提出他们自己的问题和战略。

哈克特表示，当公司在其内部创建一种卓有成效的提问文化的过程中，管理人员和员工必须在一个中间点汇合。员工需要明白，“如果提出没有经过缜密思考的问题，你可能会就此错失因自由提问而带来的机会”。而管理人员想要的是能反映出公司遇到的难题的实际问题，并且他们会对此做出回应。“你可以提出一些不太成熟的问题，但是那样做你可能是在浪费时间。”同时，哈克特还表示，管理人员必须明白，“尽管员工可能会围绕公司遇到的难题提出大量问题，但他们也不必因这些问题烦心，或者限制员工们提出问题”。

提问的力量

A More Beautiful Question

为了使具有创新精神的提问成为公司发展的动力，公司上下必须有一种共识，那就是要在各种想法的基础上不断发展，并且整个公司的提问基调也必须是积极向上的，比如要承认提问是有价值的。另外，还必须用开放的、包容的语言提出，比如“我们、怎样、才有可能……”而在参与公司讨论时，提出具有可行性的问题非常重要。比如，这需要花费多少钱？谁将负责这项新工作？如果这个想法失败了，将会发生什么？但却不必一开始就提出这种问题。如果想创建一种提问文化，公司在某种程度上就需要教人们在探索新想法和重要问题时能延迟判断。这是十分必要的，因为我们大多数人已经习惯于通过快速回答问题或一味地以反诘来对这些问题做出回应。有时，人们需要表现得更加冷静，因为有些创新性问题可能起初看似是不切实际的问题，但它随后会逐渐趋于实际。我们应该给“做梦者”提供契机，让他们提出宏大的、展现雄心壮志的甚至可能有些不切实际的问题。而实用主义者则很可能更为擅长在解决问题的“怎样”阶段提出问题，因为在这个阶段，想法会成形，并且最终会变成现实。

蒂姆·布朗强调，在大多数情况下，学习提问的艺术并不是只需要待在公司的教室或会议室里。“我们还应该更多地融入外界，并逐渐学会怎样更好地观察和聆听。”在进行情景分析的过程中，员工可能会获得最重要的提问技巧，但是这种技巧大多是在实践中逐渐形成的。在“该寻找什么”的问题上，公司领导者和管理人员可能会给员工提供一些小窍门，但他们更应该保证员工能在混沌的环境中自由地冒险，做自己感兴趣的调查研究。

如果企业想构建并维持一种提问文化，那么最好的方式之一就是持续不断地增加新人，因为新人自然而然会对公司充满好奇。如果你问一些公司领导者或管理人员，是否有兴趣雇用那些善于质疑的人，他们很可能毫不犹豫地表示自己会这样做。但是，当他们面试未来的员工时，却常常会单纯根据员工给出的答案就对其做出评判。由此可见，在评估一个人的质疑能力、创造力和创新能力方面，这些领导者做得仍然不够。所有这些现象都会引发这一问题：如果一次面试就能测试出一个人提出问题的能力，以及他回答这些问题的能力，那会怎样？

从逻辑上来说，可以解决这一问题的方案是让面试者自己提出问题。然而，面试的最后一轮通常都是由公司面试主管提问面试者，比如："你还有什么问题吗？"这类问题换来的可能只是面试者准备好的一些生搬硬套的台词，让面试者问出的也只是一些封闭式的、现实的问题，比如"我将从什么时候开始上班""将会有多少次旅行"等。而这些问题则是与深度思考、创新性问题背道而驰的。

为了解决这个问题，还有一种方法就是面试主管让每个面试者准备一些问题，但要告诉他们，这些问题应该是体现其雄心壮志的、开放式的，并推荐面试者使用"为什么""如果""怎样"等类的问题。另外，面试主管还需要让面试者明确这些问题应该与这家公司或所在行业有关，其中可能包括：询问公司可能的扩张方式或其产品的改进方式；应对客户或来自社会的挑战的方式；公司有待探索的那些尚未被利用的机遇，等等。显而易见，每个面试者提出的问题会透露出很多与他有关的信息。那么这些问题是大胆的和富有想象力的吗？是十分中立且实际的问题吗？另外，这些问题是否能表明面试者在面试之前曾做过一些调查？如果他们做过调查，那将是一个好迹象，因为这表明面试者知道怎样进行情景分析。

为了弄清楚这个人是否是匆忙提出问题的，在面试中，你可能需要让面试者在之前准备的问题的基础上再提出一些问题，比如利用正确问题研究所的提问练习让他们改进和优化自己已经提出的问题。例如，如果他提出了一个"如果"类的假设性问题，那就让他用"为什么"类的问题去挑战自己的假设，或者让他通过提出"怎样"类的问题将自己的想法变得更加切合实际。这些做法都会表明，一个人是否知道该怎样"用问题来思考"。而如果面试者已经想出了一个有趣的问题，之后又在该问题的基础上进行了完善，那么这个人很明显就是一个难得的提问者，公司应该欢迎他加入。

提问清单

A More Beautiful Question

1. 为什么聪明的商人会搞砸生意？
2. 我们为什么经商？我们究竟在做什么生意？
3. 如果我们的公司没有存在过，那会怎样？
4. 我们怎样才能更好地“做实验”？
5. 如果在讨论问题的过程中进行头脑风暴，我们会突然找到灵感吗？
6. 有人会愿意追随一位“不靠谱”的领导吗？
7. 企业的使命宣言都应该包括一些有关使命的问题吗？
8. 怎样才能创建一种提问文化？

A MORE BEAUTIFUL

QUESTION

The Power of Inquiry to
Spark Breakthrough Ideas

QUESTION QUESTION QUESTIO

07

实践你的提问人生

好奇心最有价值

20 世纪 80 年代，当杰奎琳·诺沃格拉茨即将从大学毕业时，学校就业指导办公室通知她，美国大通曼哈顿银行让她前去面试。尽管诺沃格拉茨并不是十分渴望进入银行工作，但她还是乖乖地参加了面试。令她惊讶的是，自己居然得到了这份工作。而她也最终选择接受这份工作，这其中有一部分原因是她被分配到海外市场债务评估部门，有机会环游世界。

诺沃格拉茨很喜欢这份工作，但在工作中她也碰到了一系列令自己感到困惑的事：发展中国家也能享受到美国大通银行业务，所以诺沃格拉茨遇到了很多来自发展中国家、拥有极具价值的想法和企业家梦想却没有资格贷款的人，因为他们看起来没有什么信誉。但是，对诺沃格拉茨来说，他们是一些非常特殊的群体，只需要享有一次贷款的机会，就能够在当地建立起可持续发展的企业，而这样的企业也是这些国家迫切需要的。因此，诺沃格拉茨提出了一个问题：这些企业家很可能会解决这些发展中国家面临的最紧迫的问题或最大的难题，银行为什么不能给他们提供贷款？

诺沃格拉茨知道，大通曼哈顿银行绝对不会批准这种高风险的贷款，因此她开始调查有哪些主流银行之外的银行正在开展这样的业务。比如，她了解到经济学家穆罕默德·尤努斯（Muhammad Yunus）成立的格莱珉银行会给孟加拉国的贫穷妇女提供小额贷款，并且做得相当成功。事实证明，这些贷款者在还贷方面是非常可信的。在调查过程中，诺沃格拉茨也发现，纽约出现了一家由几名妇女成立的小额信贷机构，旨在给世界各地的女性企业家提供贷款。她出于好奇探访了该机构，也想看看是否能在其中找到自己的发展空间。而答案是肯定的，那里给她提供了一份工作。

现在，诺沃格拉茨不得不思考这样一个问题了：她真的想放弃一份有保障的、薪水丰厚的银行工作，而选择在这家非营利性机构谋取一个有风险的职位吗？在人生的这个阶段，对她来说，最重要的是什么？当前，她最关心的问题恐怕是：如果她放弃一份有保障的工作，她的家人会怎么想？

可以说，在诺沃格拉茨的心中，最后一个问题所占的分量相当重。她出身于一个较为贫困的中等收入家庭，因此当她得到美国大通曼哈顿银行的工作时，她的家人很激动，并一直引以为豪。几年后，她在自传中这样写道："我一直在想，如果我的叔叔们知道我放弃了一份在华尔街薪酬丰厚的工作，而去一家为女性服务的非营利性机构工作，而且我还有可能被派去海外，那将会是什么样的情境？他们必定会认为我已经失去理智了。我为什么要放弃这样好的工作机会？"

但诺沃格拉茨也感到，"如果听从自己内心的声音，那我一定要去冒这个险。并且如果不立刻做出改变，我可能永远都改变不了"。于是，她最终接受了这家非营利性机构给她提供的工作，而且很快就去了非洲。另外，她对于"自己的一生最想做什么事"这个问题也已经给出了答案。而她会在下一个十年将会慢慢解答自己面临的另一个问题，也就是关于怎样给企业家提供贷款的问题。

在寻求答案的过程中，诺沃格拉茨经历了一段痛苦的时光，那时她初到非洲。当回首这段时光时，她承认，与那些乐于助人的年轻社会活动家一样，她在面临复杂的问题时太天真了，并且有时并未注意到不同文化间的细微差异。但她也承认，自己拥有的最有价值的东西便是好奇心，正是好奇心帮她战胜了困难。当她发现自己对一些事情不太理解，或者对某些事情的理解完全错误时，她就会提出许多“为什么”一类的问题。而在想通那些问题后，她又会慢慢提出一系列“如果”一类的假设性问题。

诺沃格拉茨对于在发展中国家投资这件事越来越有兴趣了，而她也对正在兴起的社会企业越来越感兴趣，因为创办社会企业的目的就是以创新来解决全球性问题。她觉得，把社会企业和传统慈善事业结合起来的最好方式是尝试以风险资本来投资慈善事业——创立一项风险基金，这样一来不仅可以支持企业家开创新业务、创造工作岗位，还能解决发展中国家面对的诸多日常难题。起初，诺沃格拉茨会考虑这一问题：“如果我们将投资当作一种手段而非结果，那会怎样？”

投资者完全有权利期待直接的回报，但他们也接受将这些回报再投资给新创公司，以支持它们继续发展壮大，用诺沃格拉茨的话来说，这就是“耐心资本”（patient capital）。尽管目前我们还无法了解到这种投资形式是否会成功，但诺沃格拉茨召集了许多对它感兴趣的人组建了一支团队，来为她要创办的机构做准备。最终，她在 2001 年创办了非营利性组织——睿智基金。

随后，诺沃格拉茨的团队开始寻求那些有创业潜力的个人。他们发现，那些人往往持续探究自己提出的那些好问题，例如“如果我们能帮助处于干旱地带的小农场将农业产量翻倍，那会怎样”“我们为什么不能利用太阳能为穷人创造廉价电”“为什么印度没有 911 的急救服务”“如果我们能制止疟疾在非洲蔓延，并在此过程中创造就业机会，那会怎样”。

利用睿智基金的资助，那些提出好问题的企业家就能将自己的想法付诸实践，这就是提问过程中的“怎样”阶段——解答各种各样的问题和应对一系列挑战的阶段。在实践过程中，问题的答案便会浮出水面。比如，有一支创业团队想要创造便宜的太阳能，该团队现在已经给发展中国家的 2 000 万人带去了电，其中包括 800 万名在校学生；一位产品设计师已经向非洲干旱地区的小农场出售了 27.5 万套滴灌系统；有一个计划在印度提供急救服务的人现在正经营着亚洲最大的救护公司；一个生产简易蚊帐（防蚊子、预防疟疾）的非洲制造商已经生产了 1 600 万顶蚊帐，创造了 7 000 个工作机会。经过实践证明，这其中的一些项目非常值得投资。比如，睿智基金投在太阳能上的 200 万美元资金现在已经给它们带来了 200 万美元的利息了，尽管这些回报最终会返还给这家公司，但睿智基金进行这一投资是希望在接下来的两年时间里把电带给 1 亿人。

对睿智基金来说，说服投资者给这些高风险、低产出的商业冒险提供资金只是它需要应对的一部分挑战。这是因为有些企业家虽然雄心勃勃但却没有资金和经验，他们需要指引、专家建议和精神支持，有时还需要第二轮资金资助，因为他们要把“为什么”和“如果”这两类的问题推进到“怎样”阶段，而只有在“怎样”阶段，他们才能把这些创新成果引入市场。

诺沃格拉茨注意到，当你尝试做那些以前从未完成的事情时，尤其是在资源稀缺、基础设施缺乏的市场中做这些事时，你最需要做的就是不断地学习和适应，你必须提出很多问题，比如什么是可行的、什么是不可行的；人们究竟想要什么、需要什么。而与之相反的问题也应被提出来，比如你自己想要什么、需要什么。

尽管有些基金组织愿意帮助企业家，但它们却不会提出这种问题。它们往往只是站在局外人的角度，往企业家的怀里硬塞一些解决方案。诺沃格拉茨表示，当你强加给企业家一些解决方案时，他们往往也不确定自己是否真正需要这些方案。比如，诺沃格拉茨曾设想，为了健康，人们都会需要抗疟疾蚊帐，“但许多人实际关心的是，他们能否睡得更好。此外，他们也在意蚊帐看起来是否美观。而健康反而不是人们选择蚊帐的理由”。了解到这些情况后，睿智基金和蚊帐生产商就能够让这种产品在市场上更为畅销。

诺沃格拉茨说：“除非你愿意花时间席地而坐，听人们讲述他们的故事，否则你不会了解别人，也不会了解别人前进的动力是什么。”

最近，诺沃格拉茨在宾夕法尼亚州的一所大学的毕业典礼上发表了演讲，在整个演讲的过程中，她多次呼吁毕业生要去拥抱未知，要去追逐自己的好奇心。为此，她引用了诗人里尔克（Rilke）的一句名言，告诉学生要去“面对各种问题”。

我曾询问过诺沃格拉茨有关这次演讲的情况以及她平时经常提问的内容，她说：“每当在生活中碰壁时，我就会去提问，于是提问渐渐变成了我在生活中碰壁的一种标志。而在提问的过程中，我也意识到，对于自己提出的各种问题，是没有简单、清晰的答案的。另外，提问还让我了解到，自己可以提出更好的问题。因此，我想让这些学生尽快掌握提问的方法。”

诺沃格拉茨视这些学生为“正在路上的孩子”，她在生活中的某个阶段也曾“在路上”。“他们试图做所有自己认为应该做的事，比如去一所心仪的学校念书或者在一家投资银行工作两年，等等。有时，这些大学生会问我：‘好吧，我下一步应该做什么？’我会说：‘做你内心想做的事。’

然后他们就会呆呆地凝视我。”

想到这些，诺沃格拉茨希望自己传递的信息能转变某些学生的思维，让他们避开那些已经预先设定好的路径，迎向未知的事物。**“在这个瞬息万变的世界，确实不存在一张可供参考的路线图，让他们按部就班地做事，”她说，“你能期待拥有的只是一个罗盘。如果能够明白并且认同这一点，那么你就能开启最伟大的冒险旅程了。”**

登山时不要急于插旗

诺沃格拉茨的建议不仅让即将毕业的大学生受用，而且对所有年龄的“正循路而行的孩子”都适用。那些遵循某条路径或者正攀爬梯子却不知自己为何如此的人，或者那些努力做每件事的人——参加每场会议、接听每个电话、回复每条信息、阅读每条推文、抓住每个机会的人，他们之所以做这些事并不是因为自己想做这么多事，而是因为感觉自己必须做，所以才一味地保持这种状态。

人们总是感觉自己有时会被繁杂的事物所“淹没”，在过去几年或过去两年，这种情况似乎更加严重了。《赫芬顿邮报》在 2013 年年中举行的大会上呼吁，人们应当慢下来，审视一下自己的理想抱负，以免走得太急而让自己的雄心壮志燃烧殆尽。这次大会的组织者宣称“以前的那些方法越来越难以发挥作用了”，各种杂志的封面文章也报道了人们从社会化媒体和各种网络设备中“抽身”的重要性；当生活节奏不断加快时，人们似乎越来越不堪重负和过度劳累，并且也会淹没在各种信息中。而当我们慢下来时，就会对沉思和“正念”越来越感兴趣，而那种状态正是我们应对快节奏生活的一种工具。

最近，英国牛津大学心理学家马克·威廉斯（Mark Williams）对当前的这种情况进行了非常有趣的描述：当人们“总是东奔西跑，从一个任务跳到另一个任务时，实际上他们根本没意识到自己正在做什么”，他们的大脑总是处在高度戒备状态，“就好像正从‘捕食者’身旁逃脱一样”。

谁是“捕食者”？这个“捕食者”又是什么？它为什么要追我们？提出这些问题的前提是，人们正东奔西跑，为了更宏大的计划或目的而疯狂地“做事情”。但这种计划或目的清晰吗？杰夫·韦纳是领英的首席执行官，他经常问面试者这样一个合理且相当简单的问题：“回顾你的职业生涯，想想过去20年或30年，你都完成了什么事情？”“你可能会觉得惊讶，有多少面试者回答不出这个问题。”韦纳说道。

这个问题不只关系到个人职业规划，也关系到一些基本问题，比如自我认同或生活目标等问题。电影制作人罗科·贝利克（Roko Belic）说，在旅行中，他遇到了很多人，而每当他想要去了解某个人时，他就会问自己一个标准的问题：“你为了什么而活？”“是什么让你的人生丰富起来？”贝利克说：“难以置信的是，很少有人能回答这个问题。我知道人的确很复杂，但对于我来说，这只是一个问题：如果不能以某种方式来回答它，那么你将不能把注意力放在一些基本的事情上，比如活着有什么意义。对我来说，这种情况就意味着，他们没有给自己提出一些基本问题。”

如果人们真的因为过于忙碌而没有时间反思“他们为什么要忙于做这些事情”，那么这种习惯似乎是早就形成了的。高中教师戴维·麦卡洛（David McCullough）的父亲是历史学家，也是普利策奖得主。麦卡洛在一场毕业典礼中谈到学生们那种争强好胜的心理，他建议学生：“登山时不要急于插旗来表示自己取得的成绩，只要享受登山这种挑战、享受空气以及欣赏沿途的风景就够了。登山的目的是让你能看到世界，而不是让这个世界能看到你。”

A More Beautiful Question

提问练习

你的人生可以被总结成一句什么话?

这是作家丹尼尔·平克最爱的问题之一，他在其著作《驱动力》(*Drive*)①中表示，这个问题最初是由新闻记者、美国国会女议员克莱尔·布思·卢斯（Clare Booth Luce）提出的。卢斯曾在约翰·肯尼迪总统执政初期时拜访他，当时卢斯提出肯尼迪总统虽然经常努力做很多事情，但是做事却没有重点，并表示这样下去可能很危险。她告诉肯尼迪总统："一个伟人可以用一句话来总结"——如果一位领导人有着清晰而强烈的目标意识，那么我们用一句话就能总结出他的人生，比如，"亚伯拉罕·林肯保卫美国，解放奴隶"。平克认为，这种理念对任何人都适用，而不只是总统。你的人生可能被总结成"他的 4 个孩子健康、快乐地长大成人"，或者"她发明了一台能让人们的生活变得轻松的设备"。如果你的人生有一个尚未完成的目标，那么你就必须问自己："我怎样才能不负众望地完成它？"

虽然麦卡洛对怎样登山以及登山时该做什么都给出了合理的建议，但不是每个人都想按同样的方式登山。你登山可能是因为自己真的想在某处插一面旗，也可能是因为希望别人看到你登上了山顶，这是由于你认为这一点比自己看到什么更重要。但是，如果在登山之前没有提出一些基本问题（比如我当初为什么要攀登这座山？），那么你就无法做出类似的判断了。

---

①《驱动力》是趋势专家、畅销书作者丹尼尔·平克的畅销著作。这本书详细阐释了在奖励与惩罚都已失效的当下，如何焕发人们的热情。这本书的中文简体字版已由湛庐策划，中国人民大学出版社 2012 年出版。——编者注

如果你仔细考虑过这类问题，明确其重要性，那么你可能就会像诺沃格拉茨那样得出结论：你登错山了。或者你也可能会提出一些其他问题，比如：

- 山顶上有什么在等着我？
- 当我到达那里时，我打算做什么？
- 我享受登山的过程了吗？我应该慢下来还是加速？
- 我正将什么甩在后面？

登山是对一个人的职业发展非常贴切的比喻，因为你的职业生涯中往往是从普通员工起步慢慢取得进步，努力登上更高的职位。所以，这就意味着在这个过程中你不会停下来退一步想想，自己到底是为了什么而攀登。于是，你提出的问题都是有关职业规划的，这些问题可能非常实际，只与继续向上攀登有关。比如，如何提高我在公司中的地位，以确保职位安全？怎样才能谋取到晋升的机会？当然，谋求晋升并没有错，不过这个过程非常漫长，与你从“为什么”和“如果”阶段过渡到“怎样”阶段的时间差不多。通常，人们会从自己喜欢或擅长的事情中得到晋升的机会。

我们在职场中经常遵循一条预定的路径，但却很少去质疑这条路是否正确，而在其他情况下我们也会如此。比如，为什么有些人渴望在郊区有座大房子？对于一些人来说，这是一个大问题，但并不是所有人都认为这是个大问题。你唯一需要明白的是，要定期问自己是否想住在市中心。

我们对于家庭关系和友谊同样也很少会提出疑问，但人与人之间的所有纽带随着时间的推移注定都会发生改变或遭到破坏。我们不去质疑自己与家人和朋友的关系只是表明我们没有把更多精力放在这上面，也没有努力去找到能强化与家人和朋友联系的方法，所以可能只是想当然地对待家人和朋友。

为什么我们不会花时间提出有关日常生活的基本问题？我们东奔西跑，从一件事到另一件事，从一种心烦意乱到另一种意乱心烦，“提问”有没有可能就是我们想要逃脱的“捕食者”？

别怕提问，不知道答案没有错

对于自己做的大多数事情，人们总是试图避免提出一些基础性问题，这其中存在众多原因，不过有 4 个原因是比较重要的。

- 人们认为，在达到预期目标的过程中提问会起反作用。大多数人会将精力集中在发现答案上，因为答案被认为会为解决问题、推动事情发展、改善生活提供方法。
- 人们似乎从未在恰当的时间提出过基础性问题。人们往往提问过早或过晚。
- 人们很难知道自己提出的问题是否正确，所以最好的方法就是拒绝提问。
- 这一点可能是最重要的：如果我们发现不能很好地回答自己提出的重要问题，那会怎样？由于有这样的担心，所以我们认为最好不要让生活中有诸多不确定和质疑存在了。

因为大多数学校教导我们：要注重答案而不是问题，大多数问题都只有一个正确答案。我们也就由此习惯性地认为，答案已经存在，只是等着“被发现”、被偶然遇到、被查询、被收获、被购买或被直接呈现在我们面前。

提问的力量
A More Beautiful Question

> 所有的行业都乐此不疲地给人们提供形式多样的答案，比如，自助书、研讨会和人生导师，等等。当然，我们想找一位专家来指导自己该做什么，这也是很正常的。但是，一些优秀的教练、顾问和治疗师都强调，没有什么可以取代反省—— 一位导师能做的最重要的事就是引导人们提出正确的问题，就像商业顾问彼得·德鲁克指导顶级企业的执行总裁时做的那样。任何专家都只会提供一般性的答案，所以在考虑这些人的答案时，我们应该有所警惕，因为没有人能提供完全适合你的生活、你面临的问题或挑战的答案。

即便是你的那些睿智且值得信赖的朋友也无法为你提供正确的答案。新创企业的企业家卡斯帕·赫尔辛（Kasper Hulthin）曾十分纠结是否应该冒险进入一个新的商业领域，在思考这个难题时，他发现没有人可以给自己提供正确答案。赫尔辛说："如果你向人们征求意见，那你将会知道他们会做什么。"但是他的朋友们的处境和动机与他的都不一样。最后，赫尔辛不得不坐在餐桌旁，独自一人想解决办法。

有一位志愿研究人员曾在我写这本书的过程中提供了很多帮助，她之所以投身于"再来一个好问题"这个项目的部分原因是，她发现每当思考自己下一步的职业规划时，她就会被众多塞满各种"答案"的职业建议类书籍所淹没，而且这些答案看起来都是彼此矛盾的。她在一封发给我的邮件中这样写道："我正在自己寻找答案。我想通过寻找答案这个过程，让自己想明白这个问题。"

寻找答案的过程是解决问题的关键所在。你不应只注重为复杂的生活难题"找到"答案，或者为任何类型的复杂难题（包括商业领域的问题）找到答案，而是要同样注重寻找答案的过程。你应该按照自己的方式解决问题，逐渐想出答案，当然这个过程要依赖于在每一环节中你所提出的问题。

我们往往会产生错觉，认为只要找到那个已经存在于生活中各个方面的“答案”就行了，比如理想工作、“幸福”或“目的”等这些比较重要的问题的答案。格雷琴·鲁宾表示，人们通常认为幸福是你突然发现或“到达”的一种状态。但鲁宾和其他研究这一主题的专家却一致认为，创造幸福是一种过程。由于你无法找到幸福的物理所在，因此你应该独自去渐渐理解幸福是什么，当你试图理解是什么让自己感到幸福、怎样将更多幸福带入日常生活中时，你就会提出各种各样的问题，并进而做出各种努力了。

“意义”和“目的”有相通之处。作家、创意教练埃里克·迈瑟尔表示，当人们提问“我如何才能找到人生的意义？”时，他们实际上是在问“一个完全没有意义的问题”。因为这种问题的前提就是一个有缺陷的概念——“意义”是一种客观真理，但事实上却并非如此。迈瑟尔说，我们只有在生活中选择做了一些事，然后才能在这些事的基础上建构生活的意义，并且每选择做一件事就有一个问题产生。为什么我应该做 X 事？而做 Y 事值得我去花费时间和不断努力吗？

究竟什么事是值得你花时间去做的？你应该追求哪个机会？当你每天做这些选择时，作家、顾问约翰·哈格尔（John Hagel）建议你要问自己这个问题：“回望过去 5 年，是什么使得我的生活更美好？”正如哈格尔指出的：“没有人会因为自己选择了正确道路而感到后悔。”

那些曾接受过人生教练凯利·卡林（Kelley Carlin）指导的人表示，他们认为生活中的很多选择冥冥之中已经注定，而卡林则总是对他们的这种态度感到非常惊讶。这些人认为，他们正走在一条被设定好的人生道路上，或者认为自己已经形成了某种生活方式，并且感到来不及改变了，所以也就无力去改变什么。卡林说：“当有人对这些人说，他们其实可以改变许多事物时，这个人的话就会成为一种启示。”

在人生的道路上，有许多选择可能在数年前就已经“被注定”了，但这些选择从来都不是由我们做出的。正如诺沃格拉茨所经历的那样，或许一个机会降临到你的身边，你突然就成了一名银行工作人员，尽管自己从未打算从事这一职业。在人生初期，你做出的这些重要决定可能受到了家人或朋友的影响，甚至受到某本书或者某则商业广告的影响。人们往往都是遵循别人替我们决定好的路走下去。在讨论这一极其普遍的现象时，作家赛斯·高汀建议人们去想这样一个问题：“除了别人告诉你，你需要什么之外，你自己有没有想要的东西？

提出这样的问题从来都不会太晚，也不会显得太早。硅谷资深风险资本人兰迪·科米萨谈到“延期的人生计划”时表示，野心勃勃的年轻企业家曾经花时间去想到底什么事物对他们来说最有意义，后来他们将自己的全部精力都投入到挣钱之中。这样一来，一旦找到这个问题的答案，他们就有资本去追求对他们来说最有意义的事物了。任何追求经济保障的人都会持有这种想法，他们认为有了经济保障就可以让自己生活得更舒适，也才能抽出时间去思考自己在人生中究竟想做什么。而人们在攀登高山的过程中同样会有某种假设，认为一旦到达顶峰，万物将会变得更加清晰可见。

在登山的过程中，我们需要关注哪些关键问题呢？尽管我们在登山前了解了这些问题的答案，但当我们面临危险时，却往往会将其忽视。此外，正如科米萨指出的，我们安排的大多数“延期的人生计划”并没有像预计的那样被执行。世界在变化，别人的高见也会不起作用，我们需要“中途调整”。无论如何，你或早或晚都将面对具有挑战性的问题，那为什么不尽早养成一种提出这类问题的习惯呢？

如果你担心自己提出的问题没有答案，那么请记住：善于以创新来解决难题的人拥有这样一种特质：他们总是积极提出问题，而没有去想这些问题可能的答案是什么。处理较为复杂的问题的能力之一就是接受“不知道答案没有错”这样的想法。而那些善于提问的人从来不会因为不确定性而感到烦恼。

许多人对于不确定性都会感到烦恼。作家、连续创业者乔纳森·菲尔茨（Jonathan Fields）写过大量关于不确定性的文章。他指出，人们在思考未知事物时会感到有些心绪不宁，这是一种普遍现象。一个提问者必须善于克服提问时的不安感，这就类似于演员需要处理表演时的那种焦虑感，尽管有情绪波动，但还要继续提问。最终，当你成功克服自己的不安时，这些情绪波动就会变成一种积极的信号。因为你正迈向充满趣味的未知领域，前方的道路令人激动。在这个过程中，你往往会不断质疑当前的状况，你质疑得越多，就越容易得到答案。随着时间的推移，创新者在拥抱未知和解决问题上会做得更好，因为他们会通过这种经历树立起自信，并将最终穿过黑暗找到自己的路，进入光明世界。正如菲尔茨指出的，花时间让自己不因不确定性而烦恼是值得你去做的，因为生命中充满了不确定。

对于不知道该提什么问题这样的担忧，正确问题研究所以及赫尔·葛瑞格森进行的“问题风暴”练习都表明，如果你迫使自己去直面某个难题或主题，并试图想出合适的问题，那么你当然会想出很多问题来。然而，你面临的挑战不是仅仅想出问题，而是之后围绕这些问题进行思考。你需要挑选出其中最佳的问题来，然后优化这些问题，并进而想明白怎样才可能开始着手解决它们。

提问应该被当作一种程序来完成，或应该养成这一习惯，否则它就不可能在我们繁忙的生活中占有一席之地。我们应该在日常生活中针对各种事情进行严密的提问，这时情景分析和试验等技术手法都会对你有所帮助。但是，只有当你慢下来、退一步以及尝试转换角度来看待生活时，生活中的那些难题、机会和挑战才开始变得清晰起来。

A More Beautiful Question 提问练习

有多少人会为老年人换灯泡?

希拉里·柯特姆（Hilary Cottam）是英国的一位社会设计师。在对“怎样提高老年人的生活质量”这个问题进行研究的过程中，她发现了一个关键因素，那就是“社会化连接”(social connect)。有了社会化连接，老年人就不必再担心像换灯泡这样的小事了。2007 年，当柯特姆的设计小组专注于研究伦敦贫困郊区的老年人生活状况时，他们花了一年的时间去进行情景分析，之后开始在萨瑟克区生活圈（Southwark Circle）测试他们得出的理论—— 一个邻里关系社会化网络，该社会化网络整合了门房服务、自助团体、合作社和社交俱乐部的功能等，可能也包括了物物交换服务，而其成员只需支付低廉的会费。这一社会化网络给老年人创造了“社会生活圈”，这样他们就无须太过依赖社工提供的费用高昂的家庭访问服务，同时也有了更多的社群意识。柯特姆发现，有趣的是，随着你逐渐变老，你理想的社交圈子“应该有 6 个不同角色的人”，其中包括家人、友好的专业人士、同龄人和年轻人。

在不受打扰的世界里慢慢想

对于那些一心想获得成功或只是想把事情完成的人来说，慢下来甚至是退一步这样的理念可能都显得非常违反直觉，并且当我们迎接挑战和拥抱机遇时，这种理念与那种催促我们“努力争取”或“挺身而进”的文化又是多么的格格不入。虽然“退一步”和“挺身而进”看起来是彼此对立的两种理念，然而那些能在某些时刻停下来去质疑和仔细思考的人也能够全身心地投入、大胆地行动以及抓住机遇。**退一步去提问实际上有助于挺身而进，它能提供一种更清晰的方向感和目标。**

在一种并不鼓励提问的文化环境中，寻找时间和空间提出问题是极具挑战性的。如果提问可以被看作是一种慢思考的话，那么我们就必须摆脱日常生活中的快思考，尤其在当前这种节奏过快、信息过载的环境中。

喜剧演员约翰·克里斯（John Cleese）在一次关于创造力的演讲中谈到，人们需要找到自己的“乌龟外壳”（tortoise enclosure）——能遮蔽的、安静的地方，在其中可以延长摆脱纷扰的世界的时间，不受打扰地思考。克里斯认为，这是一种能让某人静心写作或从事其他创造性活动的方式，但是在“乌龟外壳”之中也能进行深度提问，而深度提问就是创造性思维的一种形式。

在当今世界，退一步或进入自己的创造性外壳可能需要切断跟互联网的联系。尽管互联网能帮助你快速地找到解决实际问题的答案，但它也更容易让你只看到问题的表面，并从一种想法跳到另一种想法。与之对照的是，如果切断与互联网的联系，你就可以不受打扰地将注意力集中在一个深度问题上。而在互联网上其他人的想法、理念和专业知识都会对你进行“轰炸”，这就几乎不会给你留下任何空间去进行创造性思考。另外，互联网还是一个无休止的干扰源，每封邮件或每条推文都会给你停止思考提供借口。

电影制作人蒂法妮·施莱恩（Tiffany Shlain）非常支持“不插电”

（unplugging）这种理念。她是一个非常依赖互联网的人，专门制作基于互联网制作出来的电影，在社会化媒体上也很活跃。施莱恩曾写过关于将周六设定为“科技休息日”（tech shabbat）的文章，她也因此受到了广泛关注。而如果周六真的成了“科技休息日”，那么她和家人就能有时间用来沉思和享受安静的休闲时光了。

施莱恩说：“每周一次断开与互联网的联系这种做法完全改变了我的生活，在断开网络的那天，我进行了一次深度思考。尽管我钟爱在上网时头脑中进行的活跃思考，但实际上也很希望出现一种无法快速解决问题的方法。我认为，仅仅在脑海中长时间思考这个想法也是一件很棒的事。”

施莱恩说，这种做法有一种好处就是她被迫不断思考自己提出的问题，而不是无意识地在网上搜寻答案。“周六，当我停止上网时，我就能用一种与平时完全不一样的方式去思考问题了。”这些天，她一直思考的一个大问题便是，我们“与技术之间的爱恨关系”。我们如此迷恋技术，甚至根本没有思考过类似“技术从我们的身上带走了什么”这样的问题。在当前的环境下，形成一种与网络分离的习惯以及给自己一个深度思考的机会是很有必要的。为此，你可能需要问自己下面这两个相互关联的问题：

- 我的“乌龟外壳”在哪里？
- 我的“技术休息日”是哪一天？

一方面，我们需要有时间和空间提出问题；另一方面我们也需要训练自己“与问题为伴”，将有关世俗的一些烦琐思考放在一边，从而给自己创造心理空间。这样一来，当我们试图深度思考时，这样世俗化的烦琐思考就会自动让路。实用性的问题（例如，“我应该吃什么午饭”“我需要什么时候去接孩子”）在“乌龟外壳”中没有存在的地方，你在“乌龟外壳”中应该思考更宏大的“为什么”和“如果”这两类的问题。作家威廉·德莱塞维茨曾写道：“思考的意思是，长期全神贯注于一件事以形成一种想法……思考就是集中注意力、坚持想这个问题，保持耐心、让大脑所有的部件都运转起来，这样就能获得专属于自己的原创想法。”

不要问“少什么”，看自己“有什么”

当创新者环顾周围的世界时，他们常常会寻找自己错过了什么。但当你质疑自己的人生时，能够进行“欣赏式提问”就显得尤为重要，因为你不只能通过这种方法寻找自己错过了什么，还能发现自己拥有什么。进行“欣赏式提问”的前提是，你要集中思考一些具有积极意义的问题，如优势和有价值的事物等，这要比集中思考具有消极意义的问题，如存在的问题和缺陷等，更为有效。而针对优势进行的提问主要会关注：“我们的人生中有什么正在运转？”通过思考这样的问题，我们就能建构自己的人生并从中获益更多。这一点很重要，因为质疑自己的人生很容易就会让自己产生不满、遗憾和不幸福等感觉。比如，为什么我没有更多的钱、更好的工作或更大的朋友圈？虽然错过或缺失一些东西可能会让我们明白很多道理，从而把握住在人生道路上前进和改善现状的机遇，但这样的问题也能让人产生消极的感觉。**正如“欣赏式提问”方面的专家大卫·库珀里德指出的，当人们感到有希望并且意识到自己已经做好了充分准备时，他们就会更有可能采取实际行动。**

幸福感研究者，比如《幸福的方法》(*Happier*) 和《幸福》(*Being Happy*) 这两本书的作者、哈佛大学教授泰勒·本－沙哈尔 (Tal Ben-Shahar) 认为，“培养感激的习惯”很重要。在每天结束时简单地问自己：“我对什么事情心存感激？”并在“感激日记”中将答案写下来，那么人们就容易“更快乐、更乐观、更可能达到他们的目标”。

沙哈尔的观点得到了电影制作人罗科·贝利克的认同，贝利克认为“感激是通向幸福的捷径”。贝利克花费数年时间艰难跋涉于世界各地，在这期间他一直试图回答自己提出的问题，比如“为什么一些人比另一些人更幸福”“是否有可能让某人变得更幸福”等。你可以在他制作的纪录片《幸福》中找到他对这些问题给出的答案。在看过这部纪录片后，你可能会有一些重要发现：那些懂得珍惜和感激的人更容易感到幸福。另外，在家庭、朋友和某个群体中找到归属感的人也会感到更幸福，在做自己喜欢做的事或学习新事物时也会更容易感到快乐。

贝利克在制作这部纪录片之前，一直在思考有关幸福的问题。18 岁时他去非洲旅行，为莫桑比克内战中的难民筹资，他也在此过程中提出了自己的“为什么”这类问题。贝利克说：“这些都是遭受极大痛苦的人，但当我们到那里时，却没有发现他们面露悲伤或愤怒之色。他们生活得很开心，享受生活中的点点滴滴，比如他们仔细观察一支圆珠笔；观看魔术表演；看我们玩将彼此扛在肩上的游戏。他们真的很快乐，而在我们回家后，我发现我的大多数朋友似乎都丢失了这种快乐。”因此，贝利克在那时提出的问题是：“为什么这些几乎一无所有且遭受如此多的痛苦的人看起来比其他更富有的人享有更多的快乐？”

数年后，当贝利克在好莱坞工作时，他的朋友导演汤姆·沙迪亚克（Tom Shadyac）提出了一个类似的问题。沙迪亚克读到一篇有关尽管美国已经相当繁荣，但美国人却比其他贫穷国家的人们更不快乐的文章。“沙迪亚克告诉我：‘单就我个人来讲，我知道出现这种状况的原因，这是因为我发现自己的周围都是才华横溢的、貌美的、幸运的、健康的电影明星，但他们却不像我的园丁那样快乐。’”因此，贝利克调整了他的问题：“如果成为一个才华横溢的、貌美的、幸运的、健康的电影明星还不能让你快乐，那什么才能让你快乐？”然后，他和沙迪亚克通过纪录片的方式努力寻求这个答案。

为了制作这部纪录片，贝利克满世界旅行，到过印度和非洲的一些贫困地区。贝利克发现，不管环境怎样，最幸福的人身上都会有“群体和连通性”这样的特征。“这并不是说要想快乐，你就必须社交广泛、开朗或有上百万个朋友。”贝利克说道。但是，他遇到的最幸福的人，其中包括一些极其小心谨慎的人，都与他们周围的世界形成了强大的连接。“他们开怀大笑，真正享受被他们爱的人所包围的感觉。”

幸福和坚实的关系之间有着令人吃惊的紧密联结。但是，如贝利克指出的那样：“我们大多数人花费了大量时间来拼命挣钱，而这样做通常就只是为了支撑一种有更大的房子、豪车和漂亮衣服的生活方式，而我们花在挣钱上的时间远远多于与朋友在一起的时间。提出一些简单的问题，比如对你来说什么是最重要的，就会让你认识到自己确实应该做出一些改变，进而增加你的幸福感。所以，让你的生活方式多体现一点自己的价值观，你也就能想明白什么对自己来说是最重要的。”

当贝利克回顾自己的人生时，他意识到自己也没有花费足够的时间与朋友在一起做那些很简单但真正喜欢做的事。“我们总是认为，伴随着年龄的增长，就能有更多的时间看望朋友，也就能和他们在一起玩，去更多的地方探险。但当我 30 岁时，却发现自己可能一年只有一次或两次看望最好的朋友。我正努力成为有责任感的成年人，并将自己奉献给了事业。我一直认为孩子就应该玩耍，而成年人就应该工作。如今，我早已不玩冲浪游戏了，但这却是我曾经最爱跟朋友一起做的事情。”

在制作这部纪录片的过程中，贝利克受到很多启发，他提出了一个问题：怎样才能加强人们之间的联系，怎样才能生活得更快乐，又怎样才能与自己亲密的朋友再次聚在一起玩冲浪游戏。贝利克的反省也遇到了一些其他挑战。比如，他开始问："为什么我对自己的邻居无法了解得更多？"贝利克知道，他的电影中那些最幸福的群体，"每个人都了解彼此"。但是，在他所居住的美国西海岸，大家都更愿意待在自己舒适的房子里，并固守这种习惯。因此，贝利克想知道："怎样才能找到那些在非洲和印度的小村庄中才有的那种社群意识和连通性？"在贝利克拜访完那位住在洛杉矶高档活动房屋中的朋友后，他迅速把家搬到了那里去，因为那里的房屋前门都是敞开的，邻居们也就自然而然地跟彼此建立了联系。

为了让自己的生活有所改变，贝利克提出了一个问题："怎样才能将以前做的有益的事更多地融入现在的生活？""欣赏式提问"要求我们要常常根据当前的优势而提出问题，但有时通过回望过去，你也能瞥见那些可能会改善生活的经历。格雷琴·鲁宾和她的人生导师埃里克·迈瑟尔都建议，我们应该问自己这样一个问题：当我还是孩子时，我爱做什么事情？迈瑟尔说："我们在 6 岁或 8 岁时爱做的事可能现在仍旧爱做。"

迈瑟尔建议我们，可以拟定一份自己的童年时最喜欢做的事的清单，并从中"发现有什么事是你如今仍旧喜欢的。然后，列出现在最喜欢做的事。在经过对比后，你就会发现自己曾经喜爱的事物可能现在已经不存在了，或者对现在的生活没有意义了，但你可能会找到这些爱好的新版本"。所以，你不必让自己陷在对童年时光的回忆中。

贝利克曾通过回顾自己的青年时代，来试图重新发现跟朋友一起冲浪的重要性。在为制作电影而进行的旅行中，他体会到了社群意识的重要性，于是在之后的生活中努力地去重塑这种社群意识，他的这种行为主要受到拍摄电影这一经历的启发。在这方面，诺沃格拉茨也有类似的经历，她曾反省过：当你觉得自己的生活最美好时，你做了什么事情？对此，她并没有一下子找到答案。在为成立睿智基金进行的旅行中，她也曾不经意间想到“可以从居住在孟买的贫民窟中的妇女们的身上尝试寻找这个问题的答案”。

起初，诺沃格拉茨的这种想法的实践效果并不好。“有位妇女说：‘我们的生活中没有什么美好可言。’但另一位妇女说：‘好吧，我能想到一个美好时刻。整个冬天我都在不停地工作，但当这些花铺满大地时，我感受到了生活的美好。’这位妇女是一个园丁。”诺沃格拉茨坚持认为：“回想起那些让你感到自己有价值和充满活力的时间、地点以及相关活动很重要。当我正在解决一个难题、进行创作、与某人沟通和旅行时，我得到了各种类型的答案。”

诺沃格拉茨说，**对于这个问题，无论答案是什么，你都需要进行辨别并心怀感激，如果可能的话，你还应该找到一种能够切实践行答案的方式。**有时我们并没有意识到自己到底打算做什么事以及擅长什么，所以我们应该偶尔以好奇和超然的态度，退一步来回顾自己做过的事情和自己的行为，这一点很重要。

作家卡罗尔·阿德里安（Carol Adrienne）提出了一个问题：“当你逛书店时，你会被书店里的哪个区域所吸引？”这个问题可能会帮助我们了解一个人的兴趣。而我们在意的事物、我们爱做并且擅长的事，往往就是我们提问的起点。比如，我们可能会问以下问题：

- 为什么当你做某些事情时看起来光彩照人？（哪种活动或哪个地方能让我展现出自己最好的一面？）
- 如果我能把这些兴趣和活动等更多地融入生活中，那会怎样？如果我把它们融入工作，那又会怎样？
- 我怎样才能着手做这些事？

实际上，虽然我们可以尝试进行各种小实验，却很难将得出的答案付诸行动。

尝试改变，并假装自己能成功

“实验”这个词可能会让我们想起实验袍和显微镜，也可能会勾起我们类似解剖青蛙这样令人不舒服的回忆。但是，实验也可以被看作是你将问题转化为实际行动的一种方式。因为若想了解一些新的或与众不同的事物，你就需要进行某些尝试，并对各种结果进行评估，这就是一种实验。心理学家、计算机科学家罗杰·尚克（Roger Schank）认为：“在学校，我们了解到实验很无聊，是科学家才需要做的事，与我们的日常生活没有任何关系。”

但正如尚克指出的，我们事实上常常在做实验，只不过没有必要把那些事叫作实验而已。“当我们接受了一份新工作，或者在游戏中尝试一种新策略时”，这都是一种实验，我们应该更多地进行实验，因为“实验在生活中无处不在，而如果我们用这种方式去思考，那么‘实验’这个词就很好理解了”。如果在生活中随意地尝试做一些事，你就不会得到预期的结果。但如果你决定去尝试新方法或新体验，并花时间去考虑为什么这种方法或体验值得尝试，什么是测试其效果的最好方法。然后再评估这个实验是否成功，是否值得继续做，那么这个实验就会改变你的生活。

实验其实是将提问付诸行动的一种方式，当我思考生活中的实验可以作为将提问付诸行动的一种方式时，有个朋友向我提及了作家雅各布斯（A. J. Jacobs）：“他将自己的整个人生都看成是一个接一个的实验。”我对雅各布斯在《时尚先生》（*Esquire*）中以第一人称撰写的一篇文章非常熟悉，但对他的著作中体现出的“实验天性”并没有太多体会。

雅各布斯好奇心很强，他经常很想知道，为什么有些人会以某种特定的方式来过自己的生活？他随后推测道，如果自己尝试那种方式，那会怎样？接着，他便直接去体验别人的那种生活方式了。比如，雅各布斯很奇怪有些人称自己会“遵照《圣经》中的一切来行事”。“是的，他们是这样说的，但如果你真的完全按照《圣经》中的一切来生活，那会怎样？”于是，雅各布斯就这样做了，他坚持了一年的时间，并将自己的这段经历记录在《我的圣经狂想曲》(*The Year of Living Biblically*)一书。雅各布斯留着大片浓密的胡须，穿着飘逸的长袍，不断地祈祷，按照《圣经》传递的感恩思想而行事，他一天之中要表达上百次感恩。雅各布斯说：“当我按下电灯的开关时，我会感恩光明的到来。而当我按下电梯按钮时，我会感恩电梯的到来，然后感恩它没有垂直坠落而让我摔断脖子。当你满怀感恩之心时，你就会意识到，每天经历的上百件事都是正常运转的，但我们却往往只把注意力放在三四件出问题的事上。”

雅各布斯的另一个实验是读完 32 卷的《大英百科全书》，因为他想要知道“了解”了书中的一切后，将会是一种什么感觉。而当他注意到“外包”在商业领域中日益风靡时，他就进行了又一项实验，因为他想知道如果把自己的生活外包出去，那会怎样？随后，他就在印度雇了一些人来打理他生活中的一切，从回复电子邮件到给他的儿子读睡前故事，“他们甚至替我与妻子吵架”，雅各布斯说道。

作为幽默大师，雅各布斯被各种极端实验所深深吸引，而这些实验也给他带来了不少意外的惊喜。他每天还进行各种小实验，从中他也同样能有所收获，使得自己不断做出改变。在雅各布斯更具实用性的项目中，其中一个叫作“合理性计划”(The Rationality Project)，即给自己做的每件事做记录，并且问自己为什么要做那些决定，为什么即便是很小的决定也一定要亲自去做。比如，为什么他要用佳洁士牙膏？想到这个问题，他意识到：“因为我 12 岁时，我的朋友告诉我它是一种很酷的牙膏。这就是为什么我30年来一直使用佳洁士牙膏。”这只是他日常生活中的一个小细节，“经过仔细思考，你就会发现，我们机械地做着如此多的事情”。

雅各布斯相信，从早上醒来直到晚上上床睡觉，人们在日常生活中应该时刻保持质疑。“我的想法是，这一切就像是‘凹槽’，好比当你滑雪时滑雪板会产生许多凹槽，沿着这些凹槽滑就会容易很多。”他说道。但如果你不断改变一些事情，“它就会让你远离这些凹槽，用不同的方式来观察这个世界”。

在你的日常生活中，一些小的改变可能会不断发生。这些改变可能跟房子有关，比如你改变了床的制作方式。而你也可以在做饭这件事上做出很多小的尝试，厨师克里斯·杨（Chris Young）说，他试图提醒人们，“你的家里有一个非常棒的实验室，那是做实验的理想场所，这个地方就叫作厨房”。

你的着装方式和打理头发的方式都可以有一些细小的改变。为什么总是按照同一种方式来穿衣服或打理头发？如果你尝试一些不同的方式，那会怎样？雅各布斯说，他曾采访过一位传统的犹太妇女，这位妇女对他说，在犹太教的安息日，她总是试图以稍微不同的方式来做一些小事，“她并没有按顺时针方向涂口红，而是以逆时针方向涂。多留意自己正在做的事，多一些警觉，你就会发现生活中的精彩”。

当你的确做出了一点改变后，自己的自信心就会慢慢被培养起来，敦促你进一步去改变其他事情，从而进行更大的改变。雅各布斯针对小的改变提供了一个小贴士：如果有必要，在你成功完成某事之前，你要一直假装自己能够做到。国际仁人家园（Habitat for Humanity）创始人米勒德·富勒（Millard Fuller）曾提出：**“要行动起来，不要只想不做。”在实践中获得新的思维方式比单纯靠思考而想出一种新的行为方式要简单一些。**

当雅各布斯尝试进行一些细小的改变时，他发现："如果你不断前进，以一种与以往不同的方式来做某事，并且重复很多次，那么你的思维方式也会随之改变。如果你迫使自己去微笑，欺骗自己的大脑，那么你就会开始变得快乐起来了。"雅各布斯在每件事上都尝试了这种"假装"方法，从改变姿势到表现得更为自信。当雅各布斯发现，他在一件事上怀疑自己的能力时，他就会问："此时一个乐观、自信的人会怎么做呢？"这个人可能会抛弃怀疑，继续行进，因此雅各布斯也尝试按自信的方式去做这些事。

除了小的改变，我们也可以通过不断做实验来做出大的改变，比如改变职业。埃米尼亚·伊瓦拉（Herminia Ibarra）是欧洲工商管理学院研究组织行为学的教授，也是《转行：发现一个未知的自己》（*Working Identity*：*Unconventional Strategies for Reinventing Your Career*）一书的作者，按照她的话来说，发现新的职业发展机会的最好方式就是不断地问"如果我尝试去做这件事，那会怎样"并快速采取行动。伊瓦拉指出，从某种程度上讲，这种做法是违反直觉的。大多数人都认为，在采取行动之前，你应该花大量时间来思考并计划自己要从事什么职业。

伊瓦拉指出，当人们想要改变自己的职业时，通常都会仔细阅读自助书籍，并与那些能为自己提供指导建议的人聊天，等待所谓的顿悟时刻。而在你顿悟时，你就能自信地找到自己的新方向。但伊瓦拉说，这种做法是错的，"我们需要行动"。而通过研究，伊瓦拉了解到，事实上，职业过渡大多要花大约 3 年的时间，且这些过渡很少会按照顺序发生。改变职业的过程就是不断试错的过程，但当这一切都结束时，惊喜就会出现。**然而，最重要的是，在尝试改变的过程中，尽可能快地去验证自己的想法和学习新知识。**按照伊瓦拉的话来说，如果你想成功改变自己的职业，那么最关键的一步就是做各种尝试。

伊瓦拉建议，在还没有找到新方向之前，我们应该暂时做一些搭建人脉和咨询的相关工作，在新的行业学习技能或积累经验。而假期就给我们提供了良好的实验机会。伊瓦拉总结道："通过检验现实，我们认识到自己是谁，这是在实践中发生的，而不是局限于理论。"埃里克·莱斯发起了一项运动——鼓励企业不断去做小的尝试。比如，企业应该在某个商业领域中尝试去实践大量想法以明确哪些想法行得通，还应该快速引进新产品和新服务，以便"验证自己的想法和学习新东西"。莱斯意识到，"精益创业"的方法和哲学理念也能应用于个人生活。

精益创业的一些最基本的原则如下：如果你正准备开始一份新职业，或者刚开始做一项创新性项目，又或者刚着手其他首创活动，那么你就已经处于"启动"模式了，而"精益"规则也就开始适用了。此时，你应该问自己许多"如果"一类的问题，这样你就可能会发现一些可以尝试的新机会。之后，你应该迅速让这些想法成形，并在现实世界中进行检验，看看哪些是行得通的。总之，你要去进行实验。

利用小失败，避免大灾难

一个非常重要的问题的特征之一就是它在各种情况中都适用，例如"如果你不会失败，那会怎样"。几十年之前，美国一名牧师罗伯特·舒勒（Robert Schuller）就提出了一个广为流传的问题。舒勒的问题原本是："如果知道自己不能失败，那你会试着做什么？"

在过去几年间，美国国防部高级研究计划局主管雷吉娜·杜根（Regina Dugan）在 TED 演讲中不断提出这个风靡多年的问题。极具影响力的谷歌 X 实验室创始人塞巴斯蒂安·特龙也十分欣赏这个问题，他曾在社交新闻论坛 Reddit 等许多网站引用过这个问题。

即便回答这个问题有些难度，且有人认为这是一个有缺陷的问题，但它却证明了一个好问题能激发出无限的想象力。另外，它还能提供合理的后续建议，从而指导我们“做出一点小改变”。虽然上述都是有关怎样用这个问题鼓励人们行动的，但它也能促进人们进行更为大胆的畅想。

我们已经发现，企业有时会提出一个“如果”一类的问题，用这种假设性问题去暂时排除那些限制我们进行更深远的思考的因素。比如，企业提出“如果成本不是问题，那会怎样”“我们怎样才能做一些与众不同的事”等这类问题此外，当人们正在追求新想法或打算让生活发生一些改变时，提出假设性问题也会让他们暂时撇开那些限制因素。但是，最大的限制因素通常是我们对失败的恐惧。

A More Beautiful Question 提问练习

如果一部电视剧可以带来现实生活的改变，那会怎样？

当收视率一直颇高的电视剧《火线》（*The Wire*）在 2008 年剧终时，饰演女主角的演员索尼娅·索恩（Sonja Sohn）并没有准备好与电视剧拍摄地巴尔的摩说“再见”。索恩艰辛的成长经历让她对《火线》中描述的动荡生活深有感触，她也希望自己在某种程度上能够帮助他人生活得更好。因此，她提出：“如果让《火线》走进学校，解剖剧中的不同角色是如何跟他们所处环境妥协的，并且让孩子们谈谈自己在生活中是如何向周围环境妥协的，那会怎样？”这样的活动能帮助孩子们释放自我，观察自己怎样做决定以及是否会以某种与以往不同的方式来做事。索恩在 2009 年创立了基于社区的非营利性机构“重新改变”（ReWired for Change）。很快，她欣慰地发现，《火线》中的情节的确会促使身处困境的孩子改变自己的生活，同时也教会他们要批判性地思考道德、因果关系、决策和结果等。

我问塞巴斯蒂安·特龙，为什么“如果你不会失败，那会怎样”这个问题会使他产生共鸣？他回答说：“人们失败主要是因为他们害怕失败。”特龙秉持的方法会带来一系列巨变，而这些巨变则可能会涉及改造汽车或改革大学课程，其方法的一个主要原则就是，“希望自己尽快失败并且要庆祝失败”。

杜根在TED演讲中也提到了“如果你不会失败，那会怎样”这个问题。她对听众说：“如果你真的问自己这个问题，那么你就难免会感到不舒服”，因为害怕失败“会阻止我们尝试去做一些非常棒的事情，你的生活也会因此变得无趣。而那些不可思议的事也不会再发生”。但如果你能尽快克服这种恐惧心理，“不可能就会突然变得可能”。

在硅谷，人们一直信奉这样一种理念，那就是“我们应该拥抱失败”。最近，“害怕是件好事”已经成为一种主流，比如2013年奥普拉·温弗瑞（Oprah Winfrey）在一场毕业典礼的演讲中就提到这种说法。当然，也有人不同意这种理念。例如，智囊网站上有位作家对这一突然流行的理念不太赞同，他用“迷信失败”这个术语来描述现今的这种流行趋势。他指出，尽管失败会带来促进你继续奋斗的压力，但实际上它常常会令你感到痛苦，有时还会对你造成毁灭性的打击。

许多人仍然十分认同“拥抱失败”这种理念，这种理念也因此越来越流行。作家彼得·西姆斯指出，对于失败的恐惧一直侵扰着我们，在人生初期就开始了，“你的父母想让你在体育运动中、在教室中或在工作中，取得成功、成功、成功。你的教师则会因为你得出‘错误答案’而惩罚你”。西姆斯在《哈佛商业评论》中如此写道。而当你进入商业世界后，情况只会变得更糟，西姆斯表示，在如今的商业世界里，“现代企业管理在减少风险和避免错误上仍会起到决定性的作用”，所以我们没有机会尝试失败。

在一些创业者和创新者看来，失败是不可避免且值得感激的，并且失败在他们通向创造力和创新的道路上通常会对其有所帮助。眼睛书写器的发明者米克·埃布林注意到：“每当我们碰到失败时，我便会大笑。这就像从不同角度来检查一个盒子，即便发现了瑕疵，但也表示我们离成功又近了一步。”

经验丰富的创新者一般都能明白这一点。诗人约翰·济慈写道：“在某种意义上，失败就是一条通向成功的高速公路。比如，我们发现越多的错误，就越会认真地寻求真相。”无法轻松面对失败的人，可能在刚遭遇失败时会探询失败的本质，提问我们怎样感知到失败。比如，他们会问：“失败对我来说意味着什么？我把失败看成是一种终结，还是一个过程中的一种暂时状态？我要怎样区分可接受的失败和不可接受的失败？（并不是所有的失败都具有相同的作用，都会推动你向前进。有一些失败可能会让你放弃去做所有的事。）我能把富有成效的‘小失败’当成一种手段，来避免毁灭性的‘大失败’吗？”

作家乔纳森·菲尔茨意识到，自己向他人分享失败的经历远多于分享成功。而在分享失败的过程中，菲尔茨对于一些问题已经形成了一些有趣的想法，尤其对“我们失败的可能性”有更深刻的想法。

菲尔茨并不是特别喜欢“如果你不会失败，那会怎样”这个问题。他告诉我：“这个问题提出了一个虚幻的情节。而我则更有兴趣跟人们谈论另一些更为实际的问题，比如在面对可能会失败的现实情况时，你提出的问题是否会赋予自己力量并促使你采取行动。"

菲尔茨认为，当我们着手进行一项新计划时，应该用一个问题来面对失败的可能性，这个问题是："如果我失败了，我将怎样走出失败的阴影？"

菲尔茨说，当我们考虑失败时，通常是用一种模糊的和夸张的方式来思考的，甚至害怕把失败想得过于清楚。他建议，任何正在做有风险的事的人，在开始做这件事时都应该想一想：如果失败了会怎样，并且想想应该从失败中应该吸取什么样的教训。

这也就阐明了生活中不会只有失败，总会有一条通往成功的路。一旦认识到这一点，你就能更加自信。心理学家、作家朱迪思·贝克（Judith Beck）说，当她与病人在一起时，自己会用一个与此类似的问题来问他们："如果发生最坏的事情，我可能会怎样应对？"因为，正如她解释的那样，"一旦人们意识到，他们将度过最黑暗的阶段，那么所有的内部和外部的资源都会帮他们熬过去，他们的焦虑也就会减少很多"。

菲尔茨认为，我们应该问的另一个重要的问题是："如果我不做任何事，那会怎样？"这个问题强调了当我们正在做一项重要改变时，通常是因为我们需要去改变，并且如果不进行改变，那么我们就可能会因保持原状而不开心，原本存在的难题也就可能会变得更糟。菲尔茨表示："在生活中，没有旁路可走，如果你没有勇往直前，那么就是在后退。"另外，你还需要问自己："如果我成功了，那会怎样？"

"这个问题很重要，因为大脑中回路连通的方式会让我们倾向于自动迎向逆境，"菲尔茨说，"这样就会让我们的大脑充满正能量，并紧紧抓住那些能促使我们采取行动的事物。因此，我们要想清楚：如果这次行动最终取得成功，那会怎样？进行这样的思考对我们采取行动会很有帮助。”

换句话说，就是给你自己能承担失败的风险提供强大的动力。博主克里斯·吉尔博（Chris Guillebeau）对罗伯特·舒勒的问题做了另一番解释。吉尔博写道：“如果你知道自己不会失败，那么就不要去想你会做什么。或许你应该提出一个更好的问题：无论成功与否，真正值得你做的事是什么。”

用问题当杠杆，撬开大难题

想想吉尔博的问题：“无论成功与否，真正值得你做的事是什么？”或许真正值得我们付出努力的是那些能激发想象力、与心灵对话，并且也能拉近人们之间关系的事。已故社会活动家弗朗西斯·皮维擅长进行“策略性提问”，我认为“策略性提问”的特征应该是开放式思维以及具有关怀之心。

皮维在世界的各个角落都留下了提问的印记：泰国曼谷的贫民窟、遭受战争之苦的波斯尼亚、印度恒河流域，以及美国加利福尼亚州奥克兰，后者是她的家乡。说得委婉些，皮维很有特点，比如她体形高大、充满朝气。一位曾经采访过皮维的记者这样描写她笑起来的样子：“她身上的肉直摇晃，胸部也是，甚至连耳朵也在上下晃动。”她有时是一个荒诞的喜剧演员，有时则是一个激进主义者。旅行时，她会随身携带一个便携式指示牌，上面写着“美国人愿意倾听”。当她坐在火车上以及身处其他拥挤的集会场所时，她就会举起这个指示牌。

这句话是一个诱饵，非常古怪却很有效，人们有时会谨慎地接近皮维，看看她到底在干什么。20 多年来，她用这种方式吸引了成千上万的人来采访她。她告诉《墨尔本时代报》(*Melbourne Age*):“我改善了自己的会面技巧，我提出的开放式问题引发了很多观点和故事。比如，我会问:‘你为什么喜欢让自己生活得与众不同？’”

提问的力量

A More Beautiful Question

皮维认为，通过运用正确的问题类型—— 开放式的、好奇的，有些尖锐但不含评判色彩的，人们可以跟那些与自己在文化、政治立场、气质等方面存在差异的人展开有意义的对话。这些问题可以突破人与人之间的障碍，帮助确认人们的共同兴趣点和共同关心的话题。最终，如果这种提问和讨论进行得足够深入，那么它们就可能解决一系列的冲突和难题。

皮维使用她的“策略性提问”与人们一起解答了各种各样的难题。正如一篇新闻报道指出的那样，她帮助过泰国那些被邻居驱逐的妓女，也曾致力于一项供养日本大阪无家可归人员的计划，还曾帮助过克罗地亚南部城市杜布罗夫尼克（Dubrovnik）的植物园移植，甚至曾帮助过加利福尼亚州那些即将被赶出溜冰场的滑板运动员。在她参与的众多项目中，有一个她非常感兴趣，那就是关于清洁恒河的公众宣传活动。针对这项活动，她提出了一系列问题，从而让人们更好地理解了清洁恒河的意义。例如，她问当地居民以下问题：

- 你感觉恒河目前的状况怎样？
- 你怎样向自己的孩子解释恒河的状况？

皮维说，在提出问题时，她会谨慎地选择自己的措辞，尽量不使用“污染”这个词，因为这个词可能会让那些认为恒河十分圣洁的人感到不快。另外，她还会不断地调整这些问题，让人们围绕“关爱恒河”这一主题进行讨论。她能看出来，人们被清洁恒河这样艰巨的任务吓坏了，因此她开始将问题落脚在一个更长远的目标上："为了清洁恒河，你正让自己的孩子进行什么样的准备？"

当皮维提出这个问题时，人们不得不承认他们对此没有做过任何事。"他们对这条河的爱、对孩子的爱和对这个问题的无言以对，都表明他们从来没有把这一切结合起来进行考虑，"但皮维说，"人们的这种反应反而能起到积极的作用。"

人们对于皮维提出的问题做了回应，为孩子们组织了一场以"恒河的健康"为主题的海报绘画竞赛。这项竞赛打算将孩子们的画悬挂在公共场所，这样"成年人就将会看到孩子们眼中的恒河，并且可能会由此感到尴尬"。在接下来的几年时间里，这项竞赛每年都会举办一次。但正如皮维写的那样，这个想法并不源于她，而是源于当地居民，尽管这项竞赛看起来是由皮维的问题发起的。

对皮维来说，一个问题可以充当一个杠杆，"撬开"一个大难题。"如果我们有一种更长的杠杆，或者一个更具活力的问题"，那么它也能"把事物撬动"。在这个暗喻里，被撬动的是人们的想法和他们脑中已经存在的答案。其实，只需要将人们的想法和答案混合一下，那些思想便会凝聚在一起。而皮维的提问方法也旨在打破不同文化、不同观点的人们之间的隔阂，在存在偏见的时代，这种方法非常有效。

当人们从一个与众不同的角度来讨论一个问题时，如果一方试图将其答案强加给另一方，那么就会出现问题。人们要么会发生争吵，要么会不再进行讨论。或许，要打破人们在最具争议的问题上陷入僵局的唯一方法就是提出可掌控局面的声明——努力按照下面的问题行事：如果我们还没有在答案上达成共识，那么至少可以在一个问题上达成共识吗？

A More Beautiful Question

提问练习

为了实现自我，你会做些什么？

乔尔·范·戴克（Joel Van Dyke）在美国费城一个社区基督教教堂担任牧师。由于该社区毒品泛滥，他决定接触当地社区的青少年，但多年来一直没有想出该怎样做这件事。随后，在偶然发现卡明斯关于“好问题”的语句后，范·戴克决定将“问题”作为与青少年建立联系的工具。于是，他并没有苦口婆心地告诉青少年他们需要什么，而是问这些青少年：“为了实现自我，你会做些什么？”范·戴克乐意融入这个社区，而他提出的这个问题最终让他与当地青少年开展了一场令人惊讶的对话。包括帮派领导人在内的一些青少年告诉范·戴克，他们非常想要一个能玩手球的场地，但是一直没有机会使用当地的场地。他们告诉范·戴克：“如果进行一场手球锦标赛的话，我们会带上所有朋友来参加。”于是，范·戴克所在的教堂开始每年赞助 4 场手球锦标赛，同时也提供了一个分享政府信息的场所。

由广告商转型成为活动家的乔恩·邦德（Jon Bond）与他的妻子丽贝卡最近发起了一个反枪支暴力运动——“进化”（Evolve），来对 2012 年美国康涅狄格州纽敦的校园枪击事件进行回应。这个组织致力于重构围绕枪支控制的对话，从而回答一个更为宏大的问题：“我们怎样才能拯救生命？”

邦德说：“我们发现，通过运用一些问题，可以让枪支持有者和非持有者达成共识。”在这些问题中，人们可能会就下面的这两个问题达成共识：

- 你担心枪支暴力吗？
- 你对控制枪支负有责任吗？

邦德说："这些封闭式问题只会使人们得出一些绝对性的答案，比如'是的'，然而，像'枪支持有者应该更负责任'这样的表述则会引出个人化的、具有防御性的答案。"而邦德希望他们提出的问题能"在措辞上与以非暴力方式来解决冲突相关"。如果想提出具有指向性或敏感性的问题，唯一的方法就是吸引到持两种不同立场的人，但"他们不会轻易屈服"。正如邦德指出的，即便是措辞敏感的问题仍然应该表现出对这个议题持不同立场的双方的尊重，邀请他们参与讨论，从而开启对话。曾经是广告商的邦德将这种情景描述成"'拉'和'推'的对抗艺术"。另外，他还指出如果没有提出问题，那么这种想法就是不可能完成的。

正如皮维和邦德认为的那样，这些问题必须有文化意识，还必须富有洞察力，恭敬且具有魅力。而在提出这样的问题时，我们可能需要做一些与此相关的情景分析。**在了解到皮维和另一位跨界专家诺沃格拉茨使用的提问方法后，我们明白，应该走进那些与你有着不同视角的人们的世界，"与他们席地而坐"，试图从他们的视角来发现不同的问题，没有比这更好的方法了。**

如果不能采用这种方法的话，我们至少应该考虑一下 Facebook 联合创始人克里斯·休斯（Chris Hughes）的建议。他在最近的一场商业演讲中呼吁毕业生应该"养成某种让你更容易美梦破灭的习惯，并让自己成为 Twitter 上你原本不认同其观点的人的拥护者"。

休斯当然也认同，我们应该以一种开放的、好奇的心态去质疑那些我们不赞同的观点：为什么他们用这样的方式来看待这个问题？为什么我会以一种与他们不同的方式来看待这个问题？我们每个人会在什么样的假设前提下做事？

对此，微软首席工程师迈克尔·科宁（Michael Corning）极力推荐人们考虑另一个问题："我犯错的可能性是什么？"他说自己在工作和生活中不断地回答这个问题。

正如科宁指出的，每当我们思考这个问题时，都应该对自己过度确信的观点逐一验证。科宁补充说，这个问题还可以帮助我们避免几乎所有的家庭纠纷，比如围绕"到底谁动了车钥匙"这样一个问题在家庭中引发的无休止的争吵。

这种有移情作用的问题可以帮助我们弥合与他人的分歧，更好地维护与最亲密的人的关系，比如与亲密的朋友、邻居、同事、兄弟、妯娌和长子等的关系。另外，它还能让我们更好地了解自己在人际关系中面临的挑战，并帮我们想出可能的补救措施。例如，"为什么我的岳父这么难相处"这个问题就需要被重新思考，通过对这个问题提出疑问，我们就能看出它的假设前提是否有误。我们应该问："这个问题提得对吗？""每个人都觉得他很难相处吗？"如果岳父只与某些人相处融洽，比如另一个与你年龄相仿的女婿，那么我们接下来就能提出更好的"为什么"问题："为什么我的岳父与我很难相处？"

我们也可以提出其他的"为什么"问题，来帮助我们进行情景分析：

- 为什么只有我感觉我们好像不能融洽地相处？
- 为什么我想努力改变这个现状？
- 为什么我的岳父与其他女婿相处融洽？

- 我能从中学到什么经验吗？

对于这些问题，我们可以想出一系列的答案，而这些答案接下来会生成一系列的假设性问题，之后便可以进入“如果”的解决阶段。比如，假设性的问题可能是：考虑到我们只是在混乱的家庭聚会上才能见到彼此，如果我们在更放松的场合中见面，那会怎样？而“怎样”阶段的问题则包括：我怎样才可能在混乱的家庭聚会上吸引到他的注意，比如邀请他与我一起用我新买的大屏幕电视看球赛？通过这种提问，你可以分析出一段关系之所以出问题的根本原因，也可以从其他人的视角来观察事物。另外，利用策略性提问，你也可以想出一些可行的解决方案。

发现与他人的共同点是与他人建立联系的关键。因为家庭是一个整体，所以所有家庭成员就需要一起提问题。布鲁斯·费勒（Bruce Feiler）①是《幸福家庭的秘密》（*The Secrets of Happy Families*）一书的作者，他通过每周固定的聚会极大地增进了家庭成员间的交流——在聚会时，每名家庭成员都会考虑同样的 3 个问题：

- 家里过去一周有什么事情进展顺利？
- 我们可以把什么事情做得更好？
- 在接下来的一周里，我们会致力于做什么事情？

费勒对美国著名管理学大师、作家史蒂芬·柯维（Stephen Covey）曾

① 超级畅销书的作者，他的《爸爸军团》一书更值得一读。书中讲述了一个关于生命智慧的故事，而且总结了爸爸给女儿的 10 个财富：永远做自己，探求一切未知……。这本书的中文简体字版已由湛庐策划，浙江人民出版社 2014 年出版。——编者注

提出的理念进行了更新，[①] 他还建议，与企业一样，家庭也应该创建自己的“使命宣言”。让家庭有一个共同目标是一个好主意，但或许一个“使命问题”可能比“使命宣言”更有凝聚力。一个家庭的使命问题可能是“作为一个家庭，我们怎样才能更好地为社区服务”或者“我们怎样才能秉承祖辈的传统”。

对于许多家庭来说，所有家庭成员共同思考“家庭应该探究的最有意义、最令人愉快和最有可能找到答案的问题是什么”这样的问题将会是一段令人难忘的经历。而无论是团队还是个人，在寻找这种问题时，都不要轻易地做出选择。

远离答案，活在问题中

道格·劳奇（Doug Rauch）在 2008 年卸任乔氏连锁超市（Trader Joe's）总裁一职（本来这代表他在到达了事业顶峰后可以很轻松地退休，享受打高尔夫球的乐趣了），像很多人一样，劳奇对于传统的退休概念感到很不舒服。“当我们投身于一项宏大的事业时，大多数人都会去寻找这项事业的目标，”劳奇说，“如果你的人生比较幸运，你可能会从一个重要的领域转向另一个。”

怎样才能找到这个重要的“新领域”？对于这个问题，劳奇并不确定答案是什么。而当他开始寻找这个新领域时，他听说了哈佛大学的一项奖学金项目，该项目旨在鼓励退休的企业高管继续从事有价值的事业和项目。当然，该项目的前提是，这些退休人员必须是正在探究宏大问题的悟

① 想要更多地了解柯维的观点，请阅读《高效能人士的影响力法则》。这本书的中文简体字版已由湛庐策划，中国青年出版社 2013 年出版。——编者注

性高、才能卓越的人。而当已经登记的退休人员确定他们感兴趣的挑战后，哈佛大学的奖学金项目就会给他们提供指导。但是，每个受资助者都必须想明白，他究竟想要解决什么问题。

劳奇回忆说："我开始考虑许多新挑战，但是我坚信应该'结合自己了解的事物'。那么，我比较了解的是食物。"另外，他还了解到："有5 000万美国人正在饿肚子。"

当劳奇开始想这个问题时，他会反复去想各种"为什么""如果"以及"怎样"等类的问题。当然，在提问方面，劳奇已经不是新手了，他在掌管乔氏超市期间已经积累了有关提问的丰富实践经验，也持续钻研提问的艺术。劳奇一直认为："提问是创新的核心"。

于是，劳奇提出了这个问题："为什么美国会有1/6的人饿肚子？"

随着劳奇试图利用情景分析法来发现问题的本质，他开始考虑把许多想法混合起来形成其他问题。而当他发现饥饿和肥胖在美国并存时，他便提出：肥胖的人为什么会饿？在努力回答这个问题的过程中，劳奇提出了一些基本假设，其中一个是：饥饿其实是缺乏卡路里的表现。而现实中的情况是，较为贫困的人可能只考虑把肚子填满，于是就吃了很多没有营养但卡路里很高的食物。"如果你手里仅有3美元，那么你就会吃炸薯条喝碳酸饮料，这样你的体内就有了大量卡路里。"但从营养学的角度讲，你仍是饥饿的。

当劳奇意识到"这个国家种植的40%的粮食被浪费了"时，他变得非常恼火："这当然会引起我的好奇心，为什么这么多食物最终被扔入垃圾堆里了？"

接下来，劳奇进行了一系列缜密的连接性提问。“我开始把这些零碎的想法拼凑在一起，然后进行思考，如果我可以用一个问题解决另一个问题，那会怎样？”

作为大型连锁超市的管理者，劳奇知道超市的货架上放着大量食物，这就使他提出：“我们该怎样把这些食物从超市转移到急需食物的地方？”

针对这个问题，劳奇想出了一个潜在解决方案——以最优惠的价格从超市和食品生产者手中购买未售出的食物，然后把这些食物重新包装成有营养、方便携带的便当，再以低廉的价格在波士顿的大型室内农贸市场上出售。

到2013年年中，劳奇已经将他的想法逐渐转变成了现实。他筹集了用来启动公司的资金，并给公司选好了办公地址，他计划在墙上挂上壁画和与社区有关的一些艺术品，让公司有一种街坊邻里的感觉。劳奇想让他提供的食物吸引到大量顾客，从而分流乔氏超市的客流量，还想让顾客感觉到，他们正在以低廉的价格得到高质量的食物。为什么不把食物分发出去？劳奇解决了这个问题，并明确了这个问题所反映的现象是不可忍受的，浪费是人们不愿意看到的结果，也实在不怎么高明。尽管许多人对赠送食物这件事有所怀疑，但是所有人都希望自己有一顿饭吃。当劳奇意识到这一点时，他想出了一个假设性问题：“如果我们提供一种价格便宜的食物，而不是施舍食物，那会怎样？”

劳奇的设想最终到底是否能成功仍需要时间来验证，而当我写下他的故事时，他正陷于“怎样”阶段——“怎样做午餐？”“怎样争取到足不出户的顾客？”“怎样增加顾客的数量？”但他的故事让我们了解到一个人怎样才能“发现并提出一个好问题”。

劳奇在确立自己的问题上非常大胆，也很有雄心。他选了一个颇为宏大也颇为棘手的问题。按照传统的看法，他本该从需要艰苦奋斗的新世界中抽身，转而过一种更舒适、更熟悉的生活，但他却在这样的人生阶段做这样的事。在探询这个问题的过程中，他寻求了同样申请哈佛大学奖学金项目的那些人的帮助，也环顾四周去观察什么是这个世界最需要的。另外，他还与自己的内心进行对话，反思自己擅长什么，以及怎样以一种新鲜的、有意义的方式来运用自己擅长的技能。

提问的力量

A More Beautiful Question

发现并探询这样一个极具意义的宏大问题实属不易。因此，我们应该在开始提问前问一问为什么，首先想想为什么做这件事有意义？我们都有自己的目标、计划、热情、兴趣、担忧，也都有许多要做的事和要想的事，那为什么还要给自己添麻烦，去想一个很难回答的大问题呢？答案是，这个问题可能会推动我们在人生的道路上不断前进。你可能有一连串需要做的事，一连串要达到的目标，只不过你把这些事和目标都放在内心深处了。但如果你有一个十分感兴趣的问题，那你就很难把它忽略掉。用大卫·库珀里德的话来说，一个强有力的问题永不休眠。这个问题会深入你的脑海，让你时时刻刻都想着怎样解决它。

把所面临的挑战以问题的形式表达出来是对你有益的。比如，这样可以让你变得勇敢、更具有冒险精神。任何人都有权利去质疑任何事，你不一定要成为公认的专家，只要愿意带着自己的问题勇敢地在这个世界中前进，你就将会对世界有新的认识。而你也可以由此形成自己的理念，并得到他人的支持。然而，当你带着答案来到人们身边时，他们很可能会忽视你或挑战你，忍不住给你提出建议，或帮你回答一个宏大的问题。而所有这一切都有助于增加你的动力。问题，尤其是正确的问题善于生成动力，这就是为什么那些变革者会经常将问题作为改革的出发点。

你可能会问："为什么我要只思考一个问题？""如果我这么做，又怎样能想出对自己来说是正确的问题？"在一两个特别重要的问题上集中精力是很值得的，因为这样你就能在相当长的时间里聚焦这些问题，进而找到一系列解决方案。我所研究的诸多创新者都拥有许多伟大的创意，并想要利用自己的想法实现上百件事。但他们往往会在某一个时间段让自己只去想一个问题。

A More Beautiful Question 提问练习

我们应该让"退休"这个概念退休吗？

婴儿潮的出现引发了这样一个问题：世界能够承受得住这么多人在 60 岁的时候同时退休吗？此外，退休真的是让人渡过余生的最满意和最有效的方式吗？马克·弗里德曼（Marc Freedman）是 Encore.org 的创始人。当看到 60 岁以上的人口日益增长时，他提出："为什么不能把这些人口转变成充裕的劳动力？"弗里德曼认为，年长的工作人员有丰富的经验和知识，可以适应"二次就业"（encore careers），比如在非营利性机构、慈善机构和学校等继续工作，因为这些地方越来越需要有高水平技能的人加入进来。弗里德曼的 Encore.org 运动就给这些 60 岁以上的人提供支持、工作机会、奖学金、指导手册和课程等，让成千上百万在生育高峰出生但仍健在的人为改变做好准备，成为一个重要的劳动力。弗里德曼相信，我们应该鼓励所有年龄段的人为人生的下一阶段做好准备，通过设立"个人目的账户"（Individual Purpose Accounts）给处于过渡时期和再培训时期的人提供所需的资金。

塞巴斯蒂安·特龙把他的每个项目都比作登山。你必须先挑选一座你喜欢的山，“而不是你想登顶的山”。因为即便运气很好，“你也会在接下来的几年时间里被这座山绊住”。

你可能会认为是自己在选择问题，但在某种程度上，问题也在选择你。由于某种原因，某个问题会跟你产生共鸣，只有你才能理解这一问题。而你探索这个问题的热情会让它变成一个好问题，一个值得与其相依相伴的问题。你需要找到一个“难以解决的”问题，或者正如物理学家爱德华·威滕指出的，你需要找到一个自己很感兴趣，且非常有希望解答出来的问题。当然，你不需要去解答所有的好问题。比如宇宙的本质是什么等诸多问题，弦理论家威滕并没有给出全部答案，但他说，对这些问题的探索已经让他在遍寻好问题这条路上有了许多有趣的发现。

正如本书中讲述的那些故事所表明的，人们往往在各种地方以许多方法来寻找有意义的问题。你可能因为一次不幸的交通事故就发现了一个好问题，如菲利普斯那样；或者与埃德温·兰迪一样，一个好奇心强的孩子可能会送给你一份“意想不到的礼物”—— 一个好问题；或者在解答如支付租金这样一个普通的难题的过程中，一个好问题会随之产生。有趣的是，你可能不必跋山涉水去寻找好问题，它们通常就在你的身边、你的眼前、你所居住的社区里、你的公司里，或者可能就在你的手掌心。要想发现这些问题并不那么容易，你需要退一步，转变视角，提升你的悟性。

你也可以从熟悉的环境之外找到一个好问题。加里·怀特正在努力解答关于水的一些大问题，并最终成立了非营利性组织 Water.org。而怀特创办这一组织的设想源于当时还是学生的他在危地马拉的旅行经历，在那里他看到那些住在贫民窟里的人们缺乏干净的水源。“这让我感到很震惊，这里离物质丰富的美国非常近，但这里的孩子却要穿过下水道去收集可能会致命的污水。因此，我不禁想问，为什么我们认为理所当然会有的却是这里最稀缺的？”一旦怀特在脑中形成了这个问题，他就开始沉迷于思考怎样解决它。

当今世界，到处都是奇怪的难题，当然也有很多好问题。这就意味着，最棘手的问题往往就隐藏在某些看似普通但实际上具有极大价值的问题中间。而如果我们发现了这些最棘手的问题，并不断围绕其进行思考，我们就可能会更清晰地看到问题的本质。

对于那些复杂的社会问题，提问者可能很难针对其进行重新思考。卫生保健、饥饿、保护环境、给老年人提供更好的照料等问题都迫切需要新的、更好的方法来解决，而只有通过提问，我们才能想出办法来。另外，教育也是我们谈论和探询的热点问题。这些最基本的问题不仅需要被教师、学生和教育创新者（比如正确问题研究所）等提出来，也需要被学生的家长们提出来。因为他们会花时间去询问，并可能会在询问的过程中遇到麻烦，比如他们会问：“我怎样才能鼓励自己的孩子更好地提问？”大多数家长都希望能培养出好问、机智且能独立解决问题的孩子。所以，对家长们来说“我怎样才能鼓励自己的孩子更好地提问”是一个值得探询的好问题。

你的好问题还可能聚焦于怎样让你变得更易满足、具有更强的好奇心、更为风趣等。IDEO公司的首席创意官保罗·贝内特与我分享了他的好问题，他说：“我经常问自己：‘我怎样才能一直保持灵感？’”

贝内特认为，他的工作需要灵感。“作为拥有600名员工的公司的首席创意官，你需要不断鼓舞他们，如果我一直有灵感、有动力，我就能鼓舞他们。”于是，他开始训练自己持续关注并欣赏周围所有能激发他的灵感的事物。“你不可能在一天中一直如此，所以有时我会对自己说‘停下来，放松一下，请记住这一点’。我认为，在人群中，你需要善于审视自己的愚蠢行为，并能够停下来，从自己的过往经历中发现有趣的、重要的事，发现你能与他人分享的事。”贝内特会收集自己生活中的小事，把其中最有意思的事与 IDEO 公司的员工们分享，或者写在他的博客“好奇心游历记”上与读者们分享。

贝内特提出的问题是：我们怎样才能持续发现灵感以便更好地鼓舞他人？对大多数人来说，那些使我们感兴趣的好问题其实都与此类似。

我们需要一遍又一遍地提出自己的好问题，并不断做出回答。因此，对于这个问题，我们并没有固定的答案。至少对于那些想持续成长、提高和创新的人来说，他们的问题没有固定答案。这也就意味着当某人说“我想出了答案”时，他有可能放弃了寻找其他更好的答案或进行创新的机会。

“我们应该让自己远离答案，活在问题之中。”爱尔兰小说家科伦·麦凯恩（Colum McCann）以潦草的笔迹将这句话写在自己卧室的墙壁上，以作警示。我问麦卡恩这句话是什么意思，他回答说：“我们必须承认，答案实际上是相当无趣的。爱尔兰人尤其擅长提问题，当然有时这也让人很生气，因为是在用问题来回答问题。但是，我认为这样做很好。当你对人生感到困惑不解时，你自然会想要提出一些问题。”

有趣的是，一些成功人士也将提出好问题的重要性运用到工作中，这些好问题包括：“为什么我们会做这份工作？”“如果我们把工作推向另一种境界和层次，那会怎样？”“我们怎样才能做到这一点？”大多数提出这些问题的人都能基于问题采取行动。2012 年《纽约时报》刊登的一篇采访电影演员杰克·吉伦哈尔的报道引起了我的好奇，这篇文章提到，吉伦哈尔不拍电影，转行去做制作人了。吉伦哈尔表示，尽管他已经从一个小明星转变成了巨星，但在表演上获得的成功在某种程度上很难为他解答一些更深层次的问题。“过去，我并没有做自己真正想做的。然而，现在我必须想明白我想成为什么样的演员，而在努力成为自己心目中的理想演员的过程中，我越发自信。”但他也指出，一些年轻的电影演员很难这样进行反省，因为“提出问题在好莱坞并不会受到欢迎，这里的每个人看起来似乎都知道自己在做什么”。由演员转型为导演的本·阿弗莱克似乎也提出了与此类似的问题，而那个问题是他着手准备拍摄电影《逃离德黑兰》时提出的。阿弗莱克已经导演了两部电影，在一定程度上他已经证明了自己。他在一次采访中表示：“在导演了两部电影之后，我对自己说：‘好吧，事实证明你已经做到了。现在你想说什么？’”

你想说什么？为什么要这样说？如果你能以一种前所未有的方式把它说出来，那会怎样？你怎样才能做到这一点？这些就是我们在思考自己的好问题时所想的。

当你找到自己的好问题后，你需要持续围绕其进行思考。如果这是一个值得探究的问题，那么它可能会令人感到困惑、沮丧和筋疲力尽。如果你发现自己被这个问题绊住了，那么遵照诺沃格拉茨提出的建议：“只需努力找到下一个问题就可以了。”为此，你需要把大问题分解成小问题，然后解决这些小问题。不断地在各种“为什么”“如果”和“怎样”问题中周旋，这样即便你被某一个问题绊住了，你还可以思考一系列新问题。

不要害怕改变自己的问题，即便将它改得面目全非也别怕。而你可能也希望对这个问题进行扩展，让其范围变宽，或者增加很多小问题，从而把它变成一个复合的问题，这种方法可能会非常笨拙，但却不失为一个好办法。你要确保自己时刻都在思考这个问题，带着问题去散步、带着问题去博物馆。正如菲利普斯注意到的，如果你能给自己的灵感创造时间和空间，那你就会得到意想不到的结果。菲利普斯说，作为一个创新者，“你要像一个冲浪运动员一样，耐心地等待下一波海浪的到来”。最终，菲利普斯能用自己制作的假肢再次冲浪了。你需要知道的是，当海浪将要到来时——当这些不可预期的连接在大脑深处即将出现时，你必须为它们的出现做好准备。如果你没有充分考虑过自己的问题，甚至没有提出问题，那么这种连接是不可能发生的，海浪也不会形成。

你可能会发现，当许多提问者开始探究一个问题时，他们需要了解大量的相关知识，其知识量远超你的想象。因此，不要因为你了解的知识还不够多而推迟提问计划。事实上，你一直被黑暗所包围，一旦开始用问题这把手电筒进行探查，你才会知道周围是一片茫茫的黑暗。提问者要学会热爱无知，因为无知孕育着机会。在某种形式上，无知就意味着创造力和创新。而斯图亚特·法尔斯坦也认为，我们应该学会无知。另外，他还提出了一个好问题："如果我们培养无知而不是害怕无知，那会怎样？"

如果要培养无知，我们就需要一些培养工具，尤其要包括一个能帮助我们挖掘事实、揭示真相、培植耐心的工具。

如果这种工具一直就藏在我们的口袋里，从孩童时代到现在都一直伴我们左右，那会怎样？

译者后记

初次听到这本书的名字时，我感觉它很文艺，很难将其与思维、思考和创新型企业等联系起来。但当我仔细阅读这本书的原版书时，我发现自己已经被书中那些富有哲理的故事深深吸引了。这本书并不是在单纯地讲大道理，而是从一个我们任何人都认为理所应当的事实出发，娓娓道来一个又一个给我们以启迪的故事。这个事实就是，我们生下来就会提问题，从小就对各种新鲜事物充满好奇并爱提出自己的疑问。然而，这个世界却告诉我们：提问题是没有效率的，谁能直接给出答案，谁才会受欢迎。因为提问题在某种程度上会被人们认为是无知的表现，我们也就不敢提出过多问题了，而我们与生俱来的提问能力在日益繁杂的成长环境中也就慢慢被消耗殆尽了。

当看到书中每个提问者艰难的提问历程时，我也开始陷入了沉思，思考我对生活的问题究竟是什么，对工作的问题究竟是什么，对家庭的问题又究竟是什么。在此之前，我似乎从未认真考虑过这些问题。而在过往的十多年求学和工作的时间里，我总是在追寻答案，却从未考虑过自己的问题是什么，我究竟要解决自己人生中的什么问题。所以，曾经很长一段时间，我一直彷徨、迷惘、不知道方向、急于得到答案。如今想来，若早早看到这本书，或许我早就能提出自己的正确问题，并有目的地解决一个又一个问题，也就能坦然面对那些匆匆岁月了。

无论是什么样的人生，我们的生活和工作中总是会出现那些让我们措手不及的事情，而这些事情可能会让我们的人生发生重大改变：让我们的事业陷入困境；让我们的身体遭受重创；让我们的心灵受到伤害，等等。而不管你的人生或工作正面临着什么样的挑战，沃伦·贝格尔告诉我们，能提出一个“好问题”非常重要，也是非常幸运的。而这个“好问题”往往都是从提出“为什么”开始的。

- 如果你是一名普通人，你可能会问自己：“为什么我感到不幸福？”
- 如果你是一名企业家，你可能会问自己：“为什么我领导的企业面临困境？”
- 如果你是一名创业者，你可能会问自己：“为什么世界上没有一款能解决人们实际问题的 App？”
- 如果你是一名艺术家，你可能会问自己：“为什么没有一种方法能让我们与观众更好地进行互动和沟通？”

但是，只提问“为什么”就万事大吉了吗？当我们面对难题时只问“为什么”，而没有任何后续的提问、思考、再提问的过程，那么我们就是只会抱怨和呻吟而已。所以，在提出“为什么”后，我们还要给事情设置假设并提出“如果”一类的问题，而当考虑过所有可能的情况后，我们就需要选择一个最有可能实现的想法，这时你就要问自己“怎样”去做了。

而这个“为什么—如果—怎样”的提问过程就是贝格尔在大量研究的基础上提出的。这种切实可行的步骤可以让我们更高效地对生活和工作中的事情提出疑问，也可以让我们在不断探询和提出问题的过程中找到那些问题的答案。

因此，我们不要吝啬分享自己的想法，不要害怕分享自己的疑问，也不要担心提出具有挑战性的棘手问题，更不要思前想后很久才行动。我们应该把自己的想法变成一个好问题，基于这一问题付诸行动，检验行动的效果，再根据行动的效果调整我们的好问题……

从现在开始，每天告诉自己：再来一个好问题吧！

在翻译这本书的过程中，我得到了很多人的帮助和鼓励。谢谢我的先生孙杰在生活和工作上对我的照顾和指点。谢谢我敬爱的导师黄京华教授在学业和生活上对我的悉心关怀和无私指导。谢谢我的师妹陈柏霖、朱琛对我的帮助。最后，谢谢我的朋友韩振娇、李芳、刘鹏给予我的关爱和鼓励。没有你们，我的人生就没有这么精彩！

未来，属于终身学习者

我这辈子遇到的聪明人（来自各行各业的聪明人）没有不每天阅读的——没有，一个都没有。巴菲特读书之多，我读书之多，可能会让你感到吃惊。孩子们都笑话我。他们觉得我是一本长了两条腿的书。

——查理·芒格

互联网改变了信息连接的方式；指数型技术在迅速颠覆着现有的商业世界；人工智能已经开始抢占人类的工作岗位……

未来，到底需要什么样的人才？

改变命运唯一的策略是你要变成终身学习者。未来世界将不再需要单一的技能型人才，而是需要具备完善的知识结构、极强逻辑思考力和高感知力的复合型人才。优秀的人往往通过阅读建立足够强大的抽象思维能力，获得异于众人的思考和整合能力。未来，将属于终身学习者！而阅读必定和终身学习形影不离。

很多人读书，追求的是干货，寻求的是立刻行之有效的解决方案。其实这是一种留在舒适区的阅读方法。在这个充满不确定性的年代，答案不会简单地出现在书里，因为生活根本就没有标准确切的答案，你也不能期望过去的经验能解决未来的问题。

而真正的阅读，应该在书中与智者同行思考，借他们的视角看到世界的多元性，提出比答案更重要的好问题，在不确定的时代中领先起跑。

湛庐阅读 App：与最聪明的人共同进化

有人常常把成本支出的焦点放在书价上，把读完一本书当作阅读的终结。其实不然。

时间是读者付出的最大阅读成本

怎么读是读者面临的最大阅读障碍

“读书破万卷”不仅仅在“万”，更重要的是在“破”！

现在，我们构建了全新的“湛庐阅读”App。它将成为你“破万卷”的新居所。在这里：

- 不用考虑读什么，你可以便捷找到纸书、电子书、有声书和各种声音产品；
- 你可以学会怎么读，你将发现集泛读、通读、精读于一体的阅读解决方案；
- 你会与作者、译者、专家、推荐人和阅读教练相遇，他们是优质思想的发源地；
- 你会与优秀的读者和终身学习者为伍，他们对阅读和学习有着持久的热情和源源不绝的内驱力。